はじめに ● 算数少女ミカについて

　私は退職して今年で 5 年目になる元小学校教員です。退職後は後輩の若い先生方の役に立とうという思いで，算数授業ビデオを YouTube にアップしたり，算数教具や授業プリントを作って提供したりして，教師応援活動しています。

　こういった活動の中で，ずっと心に引っかかることがありました。それは小学校算数の《割合》の教え方についてです。割合は小学校算数の最難関で，教えにくい教材です。その分かりにくさを示すデータがあります。それは今年（2018 年）で 11 回目になる全国学力テストの結果です。このデータを整理すると，おおよそ次のようなことが言えます。

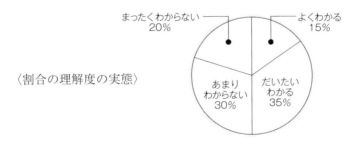

〈割合の理解度の実態〉

　このグラフを見て，「これって，ふつうじゃないの？」と思われるかもしれませんが，学力テスト算数 A の平均正答率が 75 ％ 前後だということを考えれば，割合の正答率はかなり低いのです。つまりできない子が多いのです。こんなにできなくてもいいのでしょうか？

　割合というのは四則計算と同じくらい重要な生活学力です。利子計算・売買にかかわる計算などは生活上知っておかないと不利益を被ることが多いです。また，割合の本質が理解できていないと，

　　テレビやネットからあふれ出てくる○○率が何を示しているのか？
　　それらがどのような計算で求められているのか？

はじめに　i

それらのデータは信用できるのかどうか？

　量で見るほうがいいのか，割合で見るほうがいいのか？

などの判断ができなくなります。つまり，割合は生活学力であると同時に，情報理解・判断学力でもあるのです。

　こう考えると，割合は国民の基礎学力と言っていいぐらい大切な学力ではないかと思います。

　ところが，その学力の定着が，先に見たとおり，半数以上があやふやなのです。もちろん小学校以降，徐々にわかるようになり，半数もの人が割合がわからないままになっていることなどありえないかもしれません。

　しかし，ネット上に書かれている算数に関する質問を調べると，割合に関する質問が多いのに驚かされます。小学校のときに「割合がわからなくなった」，そのことを人に言えないままにしていて，いまさら人に聞けない状態に陥っている人が多いようです。また，わが子の宿題に出てきた割合の問題を解決できなくて悩んでいる保護者の方，あるいは私立中学校の受験問題に出てくる割合の応用問題が解けなくて困っている保護者の方も多いようなのです。

　私はいまから30年前に，これまでにない割合の指導方法を友人の教師と共同で開発し，『算数授業書「割合」』として，ガリ本で世の小学校教師向けに発信してきました。おそらくここ30年のあいだに5000部以上を印刷したように思います。またそれ以外に，この授業書の解説や使い方をYouTubeに何度もアップしてきました。

　なぜ30年間もこの授業プランにこだわり続けたのかというと，このプランが子どもたちに支持されるからです。この授業書で割合を学習した子の多くが「わかりやすい」「楽しい」と言うのです。一見すると，ふつうの授業プリントとなんら変わりません。そのうえ教科書の配当時間より多くの時間がかかり，授業中の子どもの反応も特段盛り上がったりもしません。ところが，授業が終わって，子どもたちに授業評価をしてもらうと，子どもの評価がとても高いのです。

そこで今回，私の作った割合の授業書（教師向け）をベースに，割合の考え方を物語に仕立てて世に送り出すことにしました。物語『算数少女ミカ　割合なんか，こわくない！』は，割合がわからなくて算数・数学嫌いになり，中学校で登校拒否にまでなった女の子「ミカ」が，ボランティア学習塾「石原教室」に来て「割合」の授業を受け，割合がわかるようになって，無事学校に通えるようになる，という架空のストーリーです。

お話を読み進むと，ミカと私のやりとりの中から割合の考え方を読み取ることができるように構成しています。

物語の構成は次のようになっています。

Ⅰ部　操作の倍

　　割合とは何か？　倍とは何か？　という問いから導入して，倍の3用法の問題が解けるようになるまでを描いています。

Ⅱ部　関係の倍

　　どちらを基にして比較量を測るのか，という基本問題の解き方を「にらめっこ図」で発見する様子を描いています。

Ⅲ部　分布の倍（率）

　　全体と部分の比の問題を中心にしています。

Ⅳ部　いろいろな割合

　　割引・割増し問題・倍の倍問題から比と比例式まで扱います。

Ⅴ部　私立中学校入試問題の解き方

はじめに　iii

目　次

はじめに　i

第 I 部　操作の倍 …………………………………………………1

プロローグ　2

1回目の授業
割合って何だ？──ミカとの出会い　3
● 割合って, いろいろな使い方があるんだ

2回目の授業
倍って何？──ミカ, やる気になる　9
● 伸び縮みを表す倍は教えられていない

3回目の授業
何倍したでしょう？──ミカ, 倍がわかる　20
● タケノコで考えよう

4回目の授業
基はいくら？──ミカ, 基を求める問題も方程式で解く　28
● 過去と現在を比べると

5回目の授業
倍の3用法をテストする──ミカ, テストで100点を取る　35
● 操作の倍の理解が基礎

■　解説　操作の倍について　42

第 II 部　関係の倍 ……………………………………………51

6回目の授業
倍関係を見つけよう──ミカ, 関係の倍がわかる　52
● ビルの高さを比べる。どっちを基にすればいい？

7回目の授業
関係の倍, 基の量を求める──ミカ, やり方がわかる　60
● わかっている倍関係から基にした量を知る

iv

■ 解説　関係の倍について　66

第III部　分布の倍（率）　⋯⋯⋯⋯⋯⋯⋯⋯⋯⋯⋯⋯⋯⋯ 71

8 回目の授業
シュートの成功率──ミカ，バスケのシュート成功率を考える　72
● 全体と部分の割合がわかる

9 回目の授業
いろいろな率の練習問題──ミカ，どんどん問題が解ける　80
● 出席率・男女比率・子どもの人口比率など

■ 解説　分布の倍について　86

第IV部　いろいろな割合の使われ方 ⋯⋯⋯⋯⋯⋯ 89

10 回目の授業
割引──ミカの嫌いな問題　90
定価の○○％引き・○割引き

11 回目の授業
割増し──ミカの嫌いな問題（続）　97
● 仕入れ値の 2 倍の利益を付けると，売値は仕入れ値の 3 倍

12 回目の授業
倍の倍──ただになんか，ならない　104
● 70% OFF の商品をさらに 30% OFF にすると，ただになる？

13 回目の授業
濃度の問題──中学校理科の問題だけど⋯⋯　110
● 砂糖水や食塩水の比的率

14 回目の授業
比・比例式・比例配分──ミカ，比の問題を解く　116
● ドレッシングから比を学ぶ

■ 解説　いろいろな割合の使われ方　122

目 次　V

第 V 部 ミカ, 毎朝, 私立中学校の 入試問題に挑戦する ……………… 127

「朝練するで」
ミカ, かってに宣言する 128

朝練 1 日目
面倒な売買損益算 130

朝練 2 日目
面倒な男女比率の問題 133

朝練 3 日目
仕事算の問題 135

朝練 4 日目
「何これ？」と思う比の問題 137

朝練 5 日目
ミカ, 連比を求める問題を倍で解く 139

朝練 6 日目
またまたややこしい比の問題 143

朝練 7 日目
ミカ, ややこしい比の問題を倍で解く 145

朝練 8 日目
ややこしい男女比の問題 148

朝練 9 日目
ミカ, ややこしい比の問題を簡単に解く 150

■　　解説　私立中学校入試問題　154

エピローグ　159

あとがき──割合の授業プランをめぐって　161

第 I 部

操作の倍

·············· プロローグ ··············

　私は小学校教員を退職後，廃校になった分校の一室を借り受け，算数の教具や教材を作る作業所兼事務所としていた。分校は廃校後も地域の子どもたちが学校に通う通学バスの発着場所になっていたこともあり，自然に地域の子どもたちの宿題と遊びの面倒をみる学童保育的な教室も開設するようになった。子どもたちはこの教室を「石原教室」と呼んでいた。

　石原教室にミカがやってきたのは，ちょうど1年前の冬のことだった。なんでもミカは中1の秋ごろから学校に行くのを渋り始め，冬休み明けからまったく学校に行かなくなったらしい。

　心配したミカのおばあさんが，教室に来ている子のお母さんの紹介で，私のところに相談にやってきた。ミカが来ることに関しておばあさんと面談したが，おばあさんは心配で心配でたまらないという面持ちで，「週1回でもいいので勉強を見てもらえませんか」という。ところが，肝心のミカが来ていない。そこで，とりあえず翌日，本人を1人で来させるようにと告げて面談は終わった。もし本人が来てやる気があるようなら面倒をみてもいいかな，というくらいの軽い気持ちだった。

1回目の授業

割合って何だ？
ミカとの出会い

● 割合って, いろいろな使い方があるんだ

　次の日, ミカがおばあさんの車に乗ってやってきた。おばあさんにはすぐに帰ってもらって, ミカを事務所に招き入れた。

　ミカは厚手のピンクのフリース上下, その上から厚いダウンのジャケットをかぶり, ブクブクに着ぶくれていた。爪にはマニュキュアを塗り, 目元にはつけまつげを付け, アイシャドーを塗っていた。中1でここまでする子はそうはいないだろうと思われた。

　ソファーにミカを案内すると, ミカは挨拶もなくどかっと座るや否やポケットからスマホを取り出した。

「初めまして, 石原と言います。よろしく」

　そう挨拶するも, 無言でスマホをいじり始めた。とりあえず,

「どう, 勉強する気ある？」と聞くと, 目を合わすこともなく, ただひとこと, 「ない」と言う。

「そうか, それは困ったな。おばあさんに勉強教えてと言われたんだけどな」

「別に勉強しないでも生活できるし」

「そうか, 勉強する気ないか」

　そんなわけで, 話しかけるのをやめ, 私は私の仕事をし, 彼女は相変わらずスマホにかじりついていた。30分も経ったころだろうか,

「ああ退屈。もう帰ろうかな！」とミカが言い出した。

「でも，ばあちゃんが迎えに来るのは 12 時だから，まだずいぶんあるぞ」

「なら，コンビニに行ってくる」と言う。

しめた，これはチャンスかもと考え，

「ああ，それなら先生にサンドウィッチを買ってきてくれないかな？」

「ええよ。どんなサンドウィッチ買うてきたらええの？」

「たしか，300 円のハムサンドが 2 割引になっているはずだから，いくら渡したらいいのかな？」と，ミカに聞き返してみた。

「ええ？　先生のくせに計算できないの？」と，あきれ顔でこっちを見た。やっとミカと目が合った。そこで，

「最近，頭の回転が悪くなって計算ができないのだけれど，ミカちゃんわかる？」

「わかるはずないやん。割引とか何% OFF とか大嫌い！　なんであんなのあるのか，わけわからんし」と怒った顔をしてみせた。

「そうか，困ったな。でも，これまでも何割引とか何% OFF とかで買いよったやろ？　どなんして買いよったんや？」と言うと，まっすぐこっちを見て，

「あほやな，300 円より安くなるんやから，300 円もっとったら買えるやろ」

「ああ，なるほど。それで，おつりがもらえたらいいというわけか」

「そうや，やっとわかったんかいな」と偉そうに言う。

「ごめんごめん。たしかにそうや。でも，おつりがいくらになるかわかっていたほうがいいのではない？」

「まあ，そらそうやけど，レジの機械が間違うはずないやん」

「レジのお姉さんが割引率間違ったら，おつりが少なくなったりせんかな」

「ああ，それ，あった。近所のスーパーのおばさんが間違ってたことあった」

（田舎の個人商店スーパー）

「な，そうしたら，何割引きの値段が計算で出せるようになってたら便利と違うかな？　勉強したら割引問題できるようになるで」

そう言うと，ミカはしばし考え，

「ふうん。コンビニ行くあいだに考えとく」と言って，コンビニに向かった。

まあ，徹底的に自己中心，そのうえ，相手が誰であろうと臆することなく自分の言いたいことだけを言う。そりゃあ女子のあいだでは嫌われるわな，というタイプ。でも，さばさばして面白い子である。

　「先生，買ってきたで」

　しばらくしてミカが，頼んだハムサンドと自分用のポテトチップスを買って帰ってきたので，飲み物を出してしばらく談笑する。意外にしっかりしたところもあるな，という印象を受ける。

　「ところで，さっきの話やけれど，割合の勉強，する？」

　「してもええけど，ややこしい計算はせえへんで。だいたい，〈割合〉って何なん？」と聞いてきた。

　「そうやろ。割合って何なのか，わからんやろ。先生もわからんで，いろいろ調べたんや」

　「ええ？　先生でもわからんの？」

　「そうなんや。そこで，クイズを作ったんやけれど，やってくれる？」

　「クイズやったら，ええで」

●**クイズ1**●　次の言葉を使って文を完成させなさい。

　　・天気は　　・今日の　　・良い　　・わりあい

　　（　　　　　　　　　　　　　　　　　　）

　「ええ？　何これ？　算数と違うやん」

　「そうや，これは国語の問題。できる？」

　「ミカ，国語は得意やで」

　そう言うとミカは問題に取り組むが，すぐに，

　「でもな，先生，〈わりあい〉ってあんまり使わんで」とクレームを言う。

　「そうか，わりあいって，あんまり言わんか？」

　「そうやな，うちのばあちゃんが話しているのは聞いたことあるけど，うちら使わんで」

　「そうか，わりあいに変わる言葉って，ある？」

第Ⅰ部　操作の倍　●1回目の授業　5

「そうやな。〈わりに〉とか〈わりと〉言うてる。それに直してもええ？」

「ああ，ええで」

「よっしゃ！　できた」

今日の天気はわりと良い

「正解！　〈わりに〉と〈わりあい〉って同じだから，次は〈わりあい〉を使ってやってみて」

● **クイズ2** ●

　・テストは　　・今日の　　・簡単だった　　・わりあい

　（　　　　　　　　　　　　　　　　　　　）

「できた。〈今日のテストはわりあい簡単だった〉や。そう言や，こんなとき〈わりあい〉って言うてるわ」

「そうか，言うてるか！　そうしたら，今度は何でもいいから〈わりあい〉を使って何か言ってみてくれる？」

「そうやな，〈今日の弁当はいつもの弁当と比べるとわりあいうまかった〉とか」

「すばらしい。完璧」とほめると，一瞬にミカの顔がほころび桜色に。

「やるやろ。ミカ，国語は得意やから」

そのあと，割合を使っていくつか文を作ったところで次のように聞いた。

「ところで，〈わりあい〉の使い方やけれど，何か決まりない？」

ミカはしばらく考えて，ひざをたたいて言った。

「なんかとなんかを比べるときに使ってない？」

「ピンポン！　〈今日の弁当いつものときに比べると割合おいしいな〉って言ったやろ。あれって比べてるよな」

「ああ，そうや，いつもの弁当と今日の弁当を比べている」

「つまり〈わりあいって，比べた結果○○だ〉という意味で使っているんだ」

「へえ，そうやったんや。そんなん，小学校のとき，何にも教えてくれんかったで」

「そうやな。教科書にないことは教えないことになっているからね」

「ふうん，そうなんや。まあ，先生ってそんなもんやろ」と言うと，ミカは窓の外に目をやった。外はちらほらと雪が舞い始めていた。

「あ，雪や」ミカが小学生のように喜んだ。

「そう言や，今年は雪が多いよな。あ，そうだ，昨日テレビで言っていたけれど，香川県で1月に雪が降る平均日数は2日なんだって。ところが今年は1月に6日も降ったらしいで」

「そうなんや」

「ところで，今年の雪の日数は，去年の日数と比べるとどの程度多いと言える？」

「そんなん，1年生でもできるで，4日多いやろ」

「もうほかに言い方ない？」

「何があるの？」と言うので，近くにあった長方形のマグネットを黒板に張り付けて説明した。

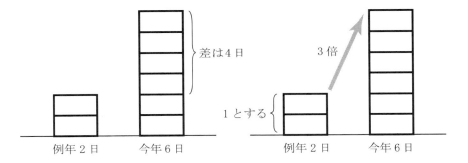

「左が4日多いという比べ方，右が3倍も多いという比べ方」

「そう言や，天気予報で，今年は去年の何倍とか言うてる」

「そうやな，〈今年は割合雪がよく降るよな〉とか言うときは，例年2日に対して6日も降っているので，今年は例年の3倍も雪が降っているっていう言い方をするんだ」

「ふうん。ところで〈倍〉って何なん？」
「そうやな，今度は〈倍〉について考えようか？　来週，来れるかな？」
「しょうがないな。来てあげるわ」
　そう言うと，ミカはドアを閉めることもなく出て行った。

2回目の授業

倍って何？
ミカ，やる気になる
● 伸び縮みを表す倍は教えられていない

「先生，来てあげたで」

ミカがやってきた。今回はすっぴんだ。

「ああ，おはよう。よく来たね」

「まあな。さあ，今日は勉強するで」

「へえ，今日はやる気なんや」

「そうやで，ミカがやる気出したらすごいんやで」

「そうか。今日は何するんやったけ？」

「何言いよん。先生，ぼけよるんか？　今日は〈倍〉についてやる言いよったやろ」

ミカがずいぶんやる気になっているのを見て驚いた。でも，やる気になるのはいいことなので，とりあえず倍のプリント1（次ページ）を渡した。

プリントを見るなり，

「何このプリント？　コンパスがいるやんか」と言いながら，猫のぬいぐるみのようなペンケースからコンパスを取り出し，言われたとおりの作業を始めた。

「なんや，2倍やん」

「そうそう。2つ分の大きさになっているやろ。2つ分の大きさになることを

《倍するといくら》 比べる量を求めよう

【問題 1】

　A君が, 顔をのぞかせたばかりの 竹の子を見つけました。次の日, その竹の子は, だいぶ背が伸びていました。
　いったいどのくらい, 伸びたのでしょう。コンパスを使って, いくつぶんになったのか調べてみましょう。

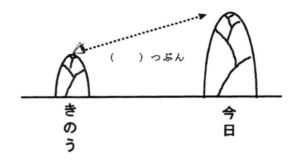

結果

きのうのタケノコの　［　　　つぶんが　　　］　今日のタケノコだ。

プリント1

（授業プラン『割合』より。以下同様）

2倍に伸びたって言うんや」

「そのくらい知ってるで」

「そうやろな。でも，もうちょっとやってみようか」と言うと，ミカは不満顔になりながらも次のプリント2を始めた。

「先生，何なの，この図についとる目玉みたいなのは？」

「目玉やで」

「ええ？　どういうこと？」

「昨日のタケノコから今日のタケノコを見たら，2つ分の大きさになっているやろ？」

「そうやな」

「ほら，見ているわけやから，目玉を描いているんや」

「なんやそれ。まあ，おもろいからええか」

「それでな，この図のことを〈にらめっこ図〉と言うんや」

「ふうん，変な名前やな。誰が付けたん？」

「先生の友達が付けたんやけど，変かな？」

「まあ，ええんと違う」

「これから先は，この図がたくさん出てくるから，覚えといてな」と言って，プリント3を渡した。

「先生，これ，けっこうおもろいな」とミカが笑った。

「そうか，何が面白い？」と聞くと，

「絵を描くのが面白い」と言いながら，ミカは2倍の栗の木や4倍のチューリップを夢中になって描いた。

「ああ，太さはそのままにしてよ。高さだけ変えてね」と注意すると，ミカが突然，

「でもな，先生，ミカがわからんのは2倍や3倍ではないで」と言ってきた。

「ほう，何がわからんの？」と聞き返すと，

「ほら，0.2倍とか0.6倍って言うやん」

「ああ，小数倍のことやな」

「そうそれや，小数を掛けると答えが減るやろ。なんで掛け算やのに答えが

タケノコの高さを比べてみると，今日の タケノコ は，きのうの タケノコ の **2つぶん** になっていることが分かります。

このように，「2つぶんになる」または「2つぶんにあたる」というのを算数では **2倍** といい

×2（倍）

と書き表します。式にすると

> きのうのタケノコ　×　2（倍）　＝　今日のタケノコ

と書きます。

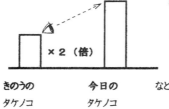

図では，左のように高さで書きます。

ことばでは，
・きのうの2倍がきょう。
・きょうはきのうの2倍だ。

などと言います。

【練習　2】　Bさんの家の庭に，きのう つくしが1本でました。今日見るとなんと前の日の **3倍** にも のびていたそうです。コンパスを使って，今日のつくしの大きさを表してください。

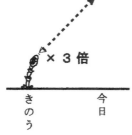

※　式で書くと

> (の)
> 　　　×　　　　＝　今日のつくし

上の式をいろいろな言い方で言ってみよう。

プリント2

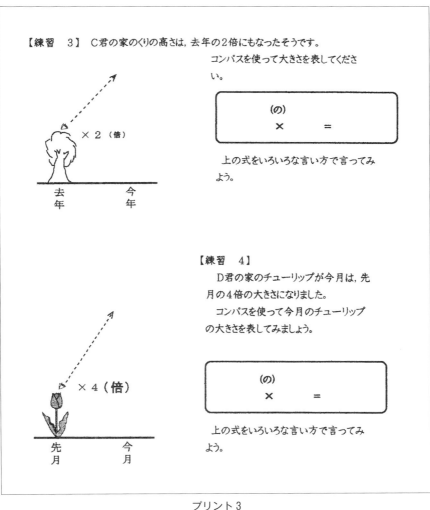

プリント3

減るん。おかしない？ だいたい，倍いうたら増えるもんやろ。なんで減るのに倍なん？」と，唇をとんがらせている。

「そうやな。そこなんや。倍いうたら，増えるというイメージがあるからな」と言うと，すかさず，

「な，おかしいやろ？ 倍すると増えるんとちがうの？」と聞いてきた。

第Ⅰ部 操作の倍 ●2回目の授業 13

「じつは，減っても倍で表すことがあるんや」と答えると，
「どんなときに使うの？」
「そうやな，ほらそこに熱帯魚の水槽あるやろ」
そう言って，事務所においてある水槽を指さした。
「この水槽の水って，一週間もほっておくと，めちゃ減るんや」
「ええ，何で？」
「水槽の水が空気中に水蒸気になって散らばってしまうんや」
「へえ，そうなんだ」
ミカが興味を示してきたので，透明の1L水槽2つに水を入れて，水槽の水が減った場面を再現した。

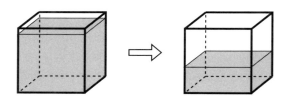

「さあ，どの程度減ったと思う？」
「半分くらいになった？」
「そうやな。初めはいっぱいあったものが半分になったよね。分数で言うと？」と問いかけると，少し戸惑ったが，
「$\frac{1}{2}$？」と答えた。
「$\frac{1}{2}$を小数にすると？」と聞くと，
「0.5」と，即座に答えた。
「そうそう，0.5倍に縮んだわけだ」
「何それ？　0.5倍に縮むって，わからんし」
「ほら，昨日タケノコの伸びを倍で表したやろ。それと同じで，縮んでも倍で表すんや」
「…………」

ミカは「わけわからん」という顔で答えない。
　「2倍3倍は〈増える倍〉やろ。それに対して$\frac{1}{2}$倍とか0.5倍という1より小さい数の倍は〈縮む倍〉と言うんや」
　「そんなの初めて聞いた。うそやろ！」と，大きな声を出した。

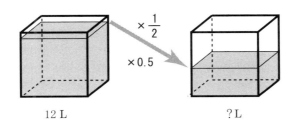

　「うそや思うなら，計算してみ」
　「え，12×0.5やろ，電卓貸してくれたらできる」
　ミカはとことん計算が嫌なようで，ふてくされた顔になって電卓を要求する。
　「ええよ」
　ミカに電卓を渡すと，
　「あ，ほんまや，6Lになった！」と大喜びをする。
　「ほら，12が6になっただろ。縮んだ量が計算で求められるんや」と言うと，
　「なんや，縮む倍ってこういうことやったんかいな。初めて小数を掛けて減るのがわかった」とうれしそうに言って，ミカの表情が緩んだ。
　「ああよかった。まるで便秘が治ったみたいにすっきりした」
　「汚いたとえやな。まあええわ，プリントしようか」と言って，プリント4を渡すと，
　「ああ，これがさっき言ってたにらめっこ図か。目玉が付いとる」と言いながらプリントを見ていたが……
　「え，ナニコレ？　1倍って何？」
　「1倍いうたら，そのまま変わらないってことや」
　「え？　それはおかしい」
　「何が？」
　「だって，うちのばあちゃん，〈人一倍努力しなさい〉って言うけど，それっ

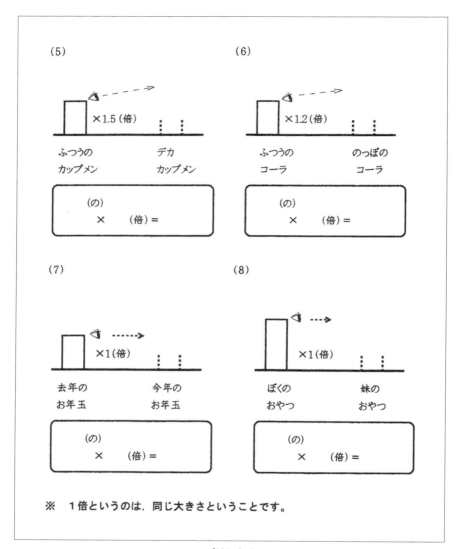

プリント4

て〈いつも通りでいい〉ってことなん？」と突っ込んできた。

　「ええばあちゃんやな。人一倍頑張れという言い方は〈2倍頑張れ〉っていうことなんや」と答えると，

　「おかしい。どういうこと？　ばあちゃんの言う倍と算数の倍って，ちがうの？」

　「そうなんや。普通に使う倍は〈倍〉ということば自体が〈2倍〉の意味なんや。それに対して算数の倍は，数字とセットになって初めて意味をもつんや」

　そう説明すると，ミカは何かを思い出したらしく，

　「ミカ，前から疑問やったんや。つまり，同じ倍という漢字やけれど，ふだん使う倍と算数の倍は同じではないということなんやな」

　と，念を押すように言った。そこで

　「へえ，ミカちゃん，冴えてきてるな」とほめると，

　「ヘ・ヘ・ヘ，ミカはもともと賢いんやで。ちょっとバカのふりしていただけや」と，またいつものミカに戻る。

　「ひょっとして，ミカちゃん，もともと算数好きやったんじゃない？」と聞くと，

　「うん，嫌いじゃなかった」

　「いつごろから嫌いになったの？」と訊ねると，

　「割合」と吐き捨てるように言った。

　「割合のどんなところがわからなくなったの？」とさらに聞くと，

　「ほら，掛けて減るやろ，反対に，割って増えたりするやろ。それに基にする量とか比べる量とか，どっちがどっちかわからんし……」と，一瞬口ごもった。

　「もうともかく，％や歩合や割引，ややこしいねん」と吐き捨てるように言った。

　「はは，そのあたりから，算数嫌いになったんや」と言うと，

　「そう。ミカ，それまではできてたんやで」と落ち着きを取り戻して言った。

　「そうか，そうじゃないかと思ってたわ。じつは計算やって，その気になれ

ばできるんとちがうの？」

　「ふ，ふ，ふ。できるで」と，はにかみながら言った。「でもな，先生。割合でわからんようになったの，ミカだけでないで」

　「そうか」

　「そうやで。友達なんか，このあたりから塾に行きだした子，多いで」と言う。

　「ミカちゃんは塾に行かんかったんや」と言うと，

　「塾代が高いからな。先生とこ，塾代がただやから来てるんやで」

　一瞬返答に困ったが，とりあえず

　「そうか，そりゃありがとう」と言った。

　「先生，今度は計算のあるプリント出してよ」

　なんと，あれほど計算を面倒がっていたミカが，計算のあるプリントを要求してきた。ミカの頭の中でいくつかのしこりのような疑問が解消されたのだろう。顔つきも穏やかになってきた。

　「そしたら，このプリントやろう」

　と言ってプリント5を渡すと，喜んでやり始めた。

　「簡単，簡単。増える倍と減る倍の問題や」

　そう言うと，5分ほどで問題をやり終えてしまった。時計を見ると，もうすぐ12時になるところだ。

　「よし，今日は終わり」

　そう言いながらプリントに丸を付け100点と書くと，うれしそうにそのプリントをファイルにとじ，運動場の車で待っているおばあさんのもとに駆けていった。

　見送りに出ると，冷たい風が吹きちらほらと雪花が舞っている。いまが一番寒い時期，車の中から頭を下げるおばあさんに手を振ると，急いで事務所に戻った。

【練習 9】 次の問題をしましょう。

(1) きのう, 15cm だったタケノコが, 今日はその3倍になったそうです。今日は何cmになったでしょう。

(2) きのう5cmだったつくしが今日は, その4倍にもなったそうです。今日は何cmになったでしょう。

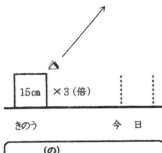

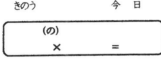

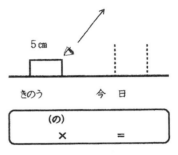

(3) E子さんのえんぴつは, きのう18cmありました。今日はその0.2倍の大きさになったそうです。
いったい何cmになったのでしょう。

(4) S君が, 去年のお年玉2万円を貯金していたら, 利子がついて1.2倍になったそうです。
いったいいくらになったのでしょう。

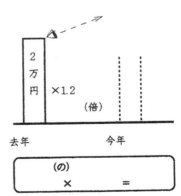

プリント5

3回目の授業

何倍したでしょう？
ミカ，倍がわかる
● タケノコで考えよう

　この日は久しぶりに晴れて朝から暖かくなった。散らばっていた事務所を片付け，テーブルを拭いていると，
「先生，来たで」
　そう言って，ミカがやってきた。廊下を見るとおばあさんがいて，目が合った。おばあさんは軽く会釈をすると帰っていった。
「先生，今日は何するん？」
「今日もやる気満々やな」
　それを聞いて，ミカはにっこり微笑んだ。もうふつうの少女の笑顔になっていることに彼女は気づいていないだろうけれど，いい笑顔になっていた。
「ええと，今日も倍の問題やな」
「ああ，倍の問題。あれ簡単やから好きや」
「そうか，そしたら早速やろか」
　ということで，黒板に問題を書いた。

● **問題** ●　昨日5cmやったタケノコが，今日測ると15cmになっていました。今日のタケノコは昨日のタケノコの何倍に成長したでしょうか？

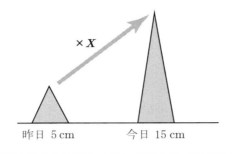

「何これ？ 掛け算とちがうやん」

「ええ？ 掛け算の問題やで」

「なに言いよん。これ割り算やろ？」

「へえ，すごいな。割り算ってわかるんや」

「ほら，だましたやろ」と，ミカはいたずらっぽく笑ってみせた。

「いやいや，倍の問題って，基本は掛け算の問題なんや」

「ええ？」ミカは怪訝そうな顔になった。

「ほら，そのまま掛け算の式にしてみて」

「ええ，掛け算式って？」

「見たとおり，掛け算の式にすればいいだけ」

そう言われて，ミカはしぶしぶ掛け算式を書いた。

$$5\,\text{cm} \times X = 15\,\text{cm}$$

「そうそう，ほら，掛け算の問題になったやろ？」

「あ，中学校でやった方程式や」

「そう。じゃあ，X を求めるのはどうやる？」

「ええと，$X = 15 \div 5$ で $X = 3$，つまり3倍や」

ミカが得意そうに説明をした。

「そうや，最初は掛け算式にしてしまって，あとは式を変形したらええんや。自然に割り算って出てくるやろ？」

「うん。たしかに」

「小学校のとき，

$$\text{比べる量} \div \text{基にする量} = \text{割合（倍）}$$

とか，習ったやろ？」

「うん，習った。でも，どれが比べる量でどれが基にする量なんかわからなかったし，なんで割らないといけないのかもわからんで，イライラした」

そう言いながら，当時を思い出して怒りが込み上げてきたようだった。

「そうやねん。公式に当てはめるのって，わけわからんようになるんやな」

同意すると，ミカが目を丸くして言った。

「先生，ようわかっとるやん」と，肩をたたいてほめてくれた。

「自慢やないけど，先生も算数・数学，大の苦手で，途中で投げたことあるねん」

「ええ？　数学の先生とちがうの？」

「ちがう，ちがう。好きな勉強って一つもないんや」

「でも，先生になったん？」

「そう，間違って，なってしまったんや」

「何になりたかったん？」

「秘密やで。本当になりたかったのは〈小説家〉や」と言うと，ミカはげらげら笑いだした。

「その顔で？」

「顔は関係ないやろ」と笑って言うと，ミカが

「私，ヤンキーになりたいねん」と言い出した。

「なんでやねん」

「え，カッコええやん」

「そうか。でも，大人から見たら，カッコ悪いで。見かけにだまされたらあかんのとちがうかな？」

「そうかな」と，ミカが考え込んだ。何か思い当たる節があるようだった。

「いかん，いかん。話が変な方向になった。さあ，問題出すで」

●問題● はじめ 18 cm あった鉛筆が，使っている間に減ってしまって 7.2 cm に縮んでしまいました。はじめの何倍に縮んだでしょう？

「この問題って，わかるよね。鉛筆小さくなるまで勉強したことある？」
「あるある。小さな鉛筆のコレクション，あるで」
「そうか，じゃあこの縮まりぐあいを絵に描いてみてくれる？」
「ええよ」と言って，ていねいな図をあっという間に描いた。

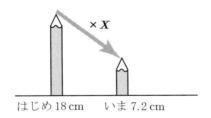

「ほう，完璧や」
「すごいやろ。もうわかったで」
そう言うと，ミカはさっさと式を作って解いた。

$$18 \text{ cm} \times X = 7.2 \text{ cm}$$
$$X = 7.2 \div 18$$
$$X = 0.4$$

「正解，すばらしい」とほめると，ミカがしみじみと，
「今まで，7.2 ÷ 18 なんてありえないと思っていたけど，ふつうに思えてきたわ」
「ええ？ どういうこと？」と聞くと，
「ほら，割り算って，大きい数を見つけて小さい数で割ると，たいていは正解したやん」
「なるほど」

「5年生になって，それができんようになったんや。とくに2cmは8cmの何倍って言われたら，ふつう8÷2やろ？」

「ちがっているけど，そう思うのはわかる」

「やろ？　だけど，正解は2÷8なんやで。そんなんアリ？」

「そうやな，気持ち悪いよな」と答えると，

「そうやねん。なんかだまされているみたいで，気持ち悪いねん」

「ところが，公式に当てはめると2÷8になるもんな」

「ほんで，気持ち悪いので，2÷8を8÷2に書き換えたんや」

「ふん，ふん」

「そしたら $\overset{バツ}{\times}$ や。頭来るで」

（おそらく，ミカの言うことは，間違いなく多くの子どもが思う心境だ。小さい数を大きな数で割るというのは，大人が考えるより衝撃的な出来事だからだ。

それは正負の数でも言える。それまで小さい数から大きい数を引くなどありえないと教わっていたのに，「いや，それはできるのだ」と言われるわけで，大げさに言えば天地がひっくり返るぐらいに衝撃的な出来事なのだ。

はたして，教師はそんな子どもの思いを受け止めて，衝撃を緩和する対策をとっているのだろうか？　私の知る限り無頓着である。教員に言わせると，「なぜそんなことが理解できないのか理解できない」のだそうである。）

「でも，もう大丈夫。このやり方やったら悩まないで済むから。どんどん問題出して」

「そうか，そしたらあと3問やろうか？」

●**問題1**●　Aさんは初め体重が80kgありましたが，ダイエットして64kgになりました。体重は初めの何倍になった？

●**問題2**●　資産家Bさんは5億円の資産がありましたが，ビットコイ

ンに投資して大損をし，資産が1億円に減りました。資産は初めの何倍になった？

● 問題3 ●　つくしが土手で3cm伸びていました。次の日行って測っても3cmのままでした。今日のつくしは昨日のつくしの何倍になっている？

「先生，図も描くの？」
「うん。図を描いてくれる？」
「でも，正確には描けないよね」
「いいんだ。おおよそで図を描けることも大事なんだ。たとえば80kgを基にすると，64kgってどのくらいの大きさにしたらいいかなって考えるやろ。それが大事なんや」

それを聞くと，ミカは得心したように図を描き，式を書いて，問題を解きはじめた。

● 問題1 ●　Aさんは初め体重が80kgありましたが，ダイエットして64kgになりました。体重は初めの何倍になった？

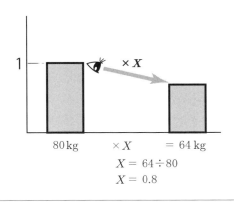

「先生，いいことに気が付いた」
「なに？」

「ほら，にらめっこ図の下に式を書いて解いたら楽や」
「なるほど，これからそうしようか」

●問題2● 資産家Bさんは5億円の資産がありましたが，ビットコインに投資して大損をし，資産が1億円に減りました。資産は初めの何倍になった？

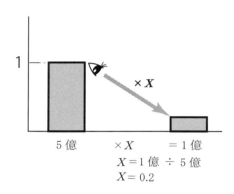

●問題3● つくしが土手で3cm伸びていました。次の日行って測っても3cmのままでした。今日のつくしは昨日のつくしの何倍になっている？

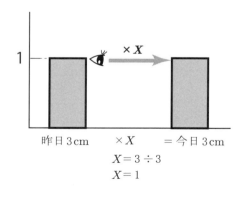

「やっぱ，1倍なんや」とミカが感心したように言った。

「前にもやったじゃない？」と言うと，

「うん，1倍ってやったけど，なんか，伸びないんやったら0倍やと考えてしまうんや」

「そうか。その気持ちわかる」と言うと，

「先生，うちらの気持ちよくわかるな。なんで？」と聞いてきた。さすがに自分も子どものころは同じように考えていたとは言えず，

「なんでと言われても，何十年も算数教えてきたらからかな？」と，ごまかした。

そろそろ，終わりの時間が迫っていた。ミカも気づいて，帰り支度を始めた。今日のプリントをファイルに綴じながら，

「先生，今度から週2回にしてくれん？」と言い出した。

「ええけど，どうしたん急に？」と聞き返すと，

「なんか，勉強が面白くなってきたんや」と真顔で言うではないか。

「へえ，そらよかった。そしたら火曜日と木曜日の2回にしようか」

「ええの？」

「ええよ」

「そしたら，明後日来るで」

そう言い残してミカが出て行った。「週2回か，きついな」と少し後悔した。

基はいくら?
ミカ，基を求める問題も方程式で解く
● 過去と現在を比べると

　テレビ・ニュースでは北陸地方が大雪で大変だと言っているのに，香川県は今日も快晴。抜けるような青い空が広がり，早春の風が吹いている。フランスの作家が「日本の冬ほど美しい冬を私は知らない」と書いていたのを思い出す。きっとパリも，日本海地方みたいに終日どんよりしているのだろう。
　10時になると同時にミカがやってきた。
　「せんせい，おはよ」というや否や，大きなスポーツ・バッグをドサッとソファーの上に置いた。
　「どうした？　そのバッグは？」
　「これから，石原教室に来たあと，学校に寄ることにしたんや」と言うではないか。
　「へえ，学校行くんや」
　「うん，昼からやけれど。そのあと部活もしてみようかなと思っている」
　そう言うミカの表情が柔らかくなっている。
　「そうか，部活って何をしてるの？」
　「バスケ」
　「バスケか，頑張れ」
　「うん」

彼女なりに考えて，大きな決断を下したようであった。
「さあ，やろうか」と言って問題プリントを出した。

●**問題4**● 今日タケノコを測ったら30 cmありました。これは昨日の1.5倍の高さです。昨日の高さは何cmだったのでしょう？

問題を見るなり，ミカが，
「ええ，何？ この問題！」と叫んだ。
「ちょっとむずかしいやろ？」と言うと，
「うん。初めの大きさがわからんのやろ？ こんなのわかるはずないやん」
と投げ出そうとする。
「それが，わかるんやって」
「ほんまに？」
「そう，ほんまに。いつもどおり，絵に描いてごらん」
「…………」

「ええと，昨日のタケノコが1.5倍に大きくなったのだから，こんな感じかな？」
「ばっちり。数値を入れてみて」

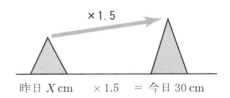

昨日 X cm　×1.5　＝今日 30 cm

言われたとおり数値を入れると，
「あ，わかった。解ける。$X \times 1.5 = 30$ やから，X は $30 \div 1.5$ で 20 や」

ミカが小躍りして喜んだ。

「私, 天才かも」

「すごい。すぐ解けたやん」とほめると,

「でも, なんか〈倍〉で割るって, 変な感じやな」と言い出した。

「そうや, なんか気持ち悪いやろ？」

「うん」

「この問題が小数で割る問題だから, 気持ち悪いんやで。たとえば2倍して30 cm になってたら, 初めの長さはどうやって求める？」

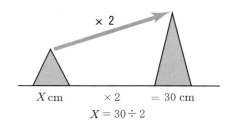

「2倍したのだから, 2で割ると元が求められる……？」

ミカが心配そうに尋ねた。

「そうそう, そのとおり。2倍したものは2等分するといいんだ」と言うと,

「でも, 1.5 等分って, 意味わからない」と言う。

「そうやな。実感ないよな。算数では, 1.5 等分ではなく, いったん 15 等分しといて, あとで 10 倍するんや」

$$
\begin{aligned}
&\langle\, 30 \div 1.5 \,\rangle \text{ のやり方} \\
&\longrightarrow \quad 30 \div 15 = 2 \\
&\longrightarrow \quad 2 \times 10 = 20
\end{aligned}
$$

「つまり, $30 \div 15 \times 10$ という計算することで $\div 1.5$ の答えが出るんや」

ミカを見ると, 顎に手を当てて, わからないという表情になっている。そこで

「まあ，ええか。ここはスルーしておこう」と言って，深く触れないことにした。

「でも，式変形で ÷ 1.5 になることはわかったやろ？」と聞くと，

「うん，それはわかる」

「答えは電卓でやったらええで」と言うと，

「え？　電卓使ってもいいの？」

「いまは計算練習しているわけやないから，式ができたら電卓で答え出そう」

そう言うと機嫌がよくなり，

「わかった。練習問題出して」と言ってきた。

●**問題5**●　Aさんはダイエットして，初めの体重の 0.8 倍に当たる 56 kg になったそうです。いったい初めの体重は何 kg だったでしょう？

「先生，ダイエットの問題好きやな。問題作る前に自分のダイエットやったほうがええで」

憎まれ口を言いながら，図に描いて問題を解いた。

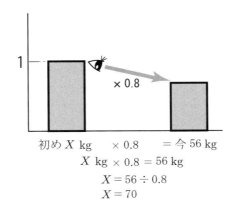

解き終えて，ミカがしみじみと言った。

「先生，初めてわかった」

「え，何が？」

「ミカな，5年のとき，小数で割ったら数が増えるというのも全然わからんかったんや」

「へえ，そうやったんや」

「うん，だって割り算したら減るのがふつうやん。それやのに増えるんやで。おかしくない？」

「そう言われれば，そのとおりやな」

「ああ，でも，すっきりしたわ」

「同じことを小数の掛け算のときも言ってなかった？」

「ああ，言っていた，言っていた。ミカ，小数の掛け算，割り算でもわからんようになったんやった。思い出したわ」

「よかったな」と言うと，何やらミカがカバンから小さな箱を取り出した。

「はい先生，あげる」と言って，箱を渡してくれた。見ると，それはチョコレートだった。

「ああ，今日，バレンタインやったんや。くれるの？」

「ミカの手作りやで」

「そうか，こんな爺さんにもくれるとは，ありがたい」

ミカが，満面の笑顔になり，

「お返しはもらうで」と言ってきた。ミカは確実に変わってきていた。

「さあ，先生どんどん問題やろう」と言うので，プリント問題を出した。

● **問題6** ● ある金額を1年間貯金した。すると元の額の0.004倍に当たる利子が8000円あったそうです。元の金額はいくらでしょう？

「先生，利子って何なん？」

「利子いうたら，銀行に1年間お金預けたら，銀行はそのお金を他の人に貸して一定の割合で貸し賃をとるのや。それが銀行のもうけやな。そうやって儲けたお金のうち，いくらかを貯金している人に返すわけや。それを預金利子と言うのや」

「へえ，人のお金を勝手に他人に貸してもうけるなんて，ひどいな」

「それが銀行の商売やから。それに，預けているだけでお金が増えるなんて，預金している人にとってもありがたい話や」

「そう言や，ばあちゃんが〈○○銀行の定期の利子が一番高いから，○○銀行に貯金する〉って言いよったわ」

「でも，いま預金利子，安いからな」

「どのくらいやの？」

「1万円預けたら10円ぐらい利子が付くのかな？」

「ええ？　あほみたいに安い」

「そうやで，あほみたいに安いで。さあ，寄り道はここまで。問題解いて」

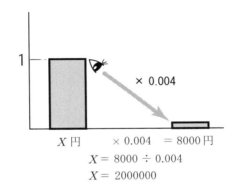

X 円　　× 0.004　＝ 8000 円
$X = 8000 ÷ 0.004$
$X = 2000000$

「え？　200万円を1年間預けたのに，利子って8000円しかないの？」

「な，悲しいやろ。いまから30年前は，1万円預けたら500円も利子が付いことがあったんや」

「あ，それ聞いたことある。たしか，〈バブル〉の時代とか言ってた。ばあちゃんはそのころ，ブイブイ言わせとったんやって」

　割合の問題は，こういった社会や経済の理解が必要だ。ミカが意外に物知りなのに驚かされる。

「1万円で500円の利子が付くのだから，200万円やったらいくらの利子になる？」と尋ねると，

「ええと，500円の200倍やから10万円？」

「そう」

「いまと全然違うやん。なんでいま，こんなに安いん？」

「どうしてやと思う？」

「あ，そうか。銀行がお金貸そうと思ても，お金借る人が少ないのとちがう？」

「すごい。そのとおりや」

「でも，なんで？」

「理由はいろいろあるけれど，詳しいことは今度調べよう」と言うと，ミカが時計を見上げて，

「ああ，行かなあかん。そろそろ，給食や」

「そうか，今日から学校行くんやったな」

「うん。行ってくるわ」

そう言い残すと，ミカは少し急いで外に出ていった。その背中から緊張感が伝わってきた。

倍の3用法を テストする

ミカ，テストで100点を取る

● 操作の倍の理解が基礎

「おはよー」
定刻どおりにミカがやってきた。
「おはよう。元気？」
「まあ，まあ」と，ちょっと元気がない。
「どうやった，学校？」
「やっぱ，しんどい」
「そうか，無理せんでもええんやで」
「…………」
ミカはソファーに腰を下ろして，茫然としている。
「コーヒーでも飲むか？」
「ミルクと砂糖をいっぱい入れたら飲む」と言うので，たっぷりのミルクと砂糖を入れたミルク・コーヒーを勧めた。
「ありがとう」
ミカが初めてお礼の言葉を言ったのに驚いたが，そのことには触れずに，
「コーヒー飲んだら，ちょっと簡単なテストしてみる？」と聞いた。
ミカは，
「ええ？　だるいし」と言って，テストを嫌がるそぶりを見せた。

第Ⅰ部　操作の倍　●5回目の授業　35

「別に，やらんでもええけど，ちょっとした確認テストや」と言うと，ミカは意を決したように，

「わかった，コーヒー飲んだらやるわ。ちょっと待って」と言ってきた。待っていると，

「ミカ，テスト，いややねん。みんな，テストの点が何点やったとか，だれが一番いい点を取ったとか，うざいねん」と吐き捨てるように言った。

「ああ，いややな」と言うと，ミカが，

「先生やって，テストして点付けよったんやろ？」と聞いてきた。

「じつは，点付けんかったんや」

「え？　そんなんできるの？」と，ミカは目を丸くしている。

「別にみんなに返すテストに点を付けないといけない決まりはないからな」と言うと，

「でも，なんで点付けんかったん？」

「点数付けてテスト返すと，面倒くさいことがいっぱいあるんや」

「どんなことなん？」

「まず，点数悪いと，点数書いたところを三角折りにして隠すやろ？」

「ああ，やるやる」

「それから，点数が悪かったら，机の中でぐちゃぐちゃになるやろ？」

「なるなる」

「それに，点数のいい子は〈1点上や〉とか〈何点負けた〉とか言うやん。競争とちがう言うても，必ずうれしそうに言うてるやろ？」

「言うてる，言うてる。自分はできてるんやアピールな」

「ともかく，そんなの見るのがいやで，点数付けるのをやめにしたんや」

ミカが興味津々で聞いているのに気が付いて，

「そうしたら，どうなったと思う？」と聞き返した。

ミカはしばらく考えて，

「わからん。どうなったの？」

「しばらくすると，めちゃ学級が平和になったんや」

そう言うと，ミカは

「なんか，わかる気がする」とうなづいた。

　いま，学校は全国学力テストが始まって以来，年を追うごとに点数主義が幅を利かせるようになってきている。教室の人間関係も点数で分断され，テストで点数が取れる上位グループと取れない下位グループは，口もきかなければ一緒に遊んだりもしないのが当たり前になっている。本当に点数差別社会が生まれているのだ。その現実を子どもたちはみんな知っているし，不快に感じている。

　「わかった，先生そんなことやってたから首になったんやろ？」と言った。

　「ははは，その通りや」と笑い飛ばした。「では，力だめしテストしてみよか？　やる気出てきた？」

　「うん，ちょっと元気になった。やるよ」

　そう言うのでテストを渡した。

●**テスト1**●　昨日4cmやったタケノコが，今日は3倍に伸びました。何センチになりましたか？

●**テスト2**●　昨日2cmやったタケノコが，今日測ると8cmになっていました。昨日のタケノコの何倍になったのでしょう？

●**テスト3**●　タケノコが昨日の長さの1.5倍伸びたので30cmになりました。昨日の長さは何センチでしょう？

●**テスト4**●　初め16cmだった鉛筆が，初めの0.5倍に縮みました。何cmになりましたか？

●**テスト5**●　初め12L入っていた水槽の水が，1週間後に6Lに減っていました。初めの水の量の何倍になりましたか？

●**テスト6**●　鉛筆が初めの0.4倍に縮み8cmになりました。初めの鉛筆の長さは何センチ？

第Ⅰ部　操作の倍　●5回目の授業　37

「なんや先生，これ，簡単やんか」
「ちがう，簡単に思えるようになったんや」
「それって，賢くなったってこと？」

そう言うと，ミカはテストに取り掛かった。15分もすると，きれいな答案を仕上げた。

●テスト1● 昨日4cmやったタケノコが，今日は3倍に伸びました。何cmになりましたか？

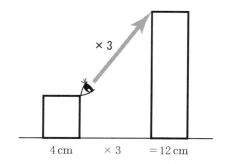

●テスト2● 昨日2cmやったタケノコが，今日測ると8cmになっていました。昨日のタケノコの何倍になったのでしょう？

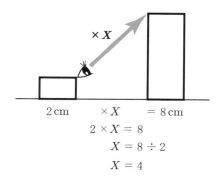

●テスト3● タケノコが昨日の長さの1.5倍伸びたので30cmになりました。昨日の長さは何cmでしょう？

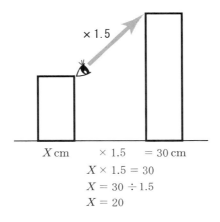

$X \times 1.5 = 30$
$X = 30 \div 1.5$
$X = 20$

●**テスト4**● 初め 16 cm だった鉛筆が，初めの 0.5 倍に縮みました。何 cm になりましたか？

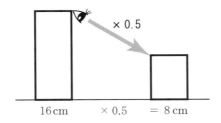

●**テスト5**● 初め 12 L 入っていた水槽の水が，1 週間後に 6 L に減っていました。初めの水の量の何倍になりましたか？

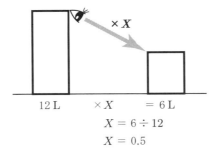

$X = 6 \div 12$
$X = 0.5$

●**テスト6**● 鉛筆が初めの0.4倍に縮み8cmになりました。初めの鉛筆の長さは何cm？

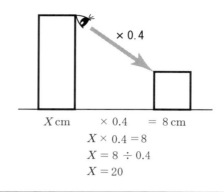

 X cm　　　× 0.4　　＝ 8 cm
 $X × 0.4 = 8$
 $X = 8 ÷ 0.4$
 $X = 20$

「先生，できたで」と，テストを差し出した。すぐに丸つけをして100点と書いた。

「さあ，今日のテストは100点でした。おめでとう」

そう言ってテストを返すと，ミカが

「あれ，先生，点付けないんじゃなかったっけ？ このあいだも100点付けてたし」と言ってきた。

「じつは100点だけは例外にしていたんや」と言うと，

「あ，わかった。100点取ると100円もらえる子からクレームが来たんやろ」と指摘してきた。私が目で返事をすると，

「やっぱりな。私のクラスにもいた。私，あほちゃうんと思っていた」と言う。

「でも，ミカちゃんすごいな」とほめると，

「やっぱり，ミカちゃんはやったらやっただけできる子なんや」とうれしそうに言った。

それを聞いて，思わず吹き出してしまった。ミカも大笑いして，すっかり元気が出てきたようだった。

「よし，そうしたら，今日の勉強は終わり」

「え？　先生,まだ時間あるで」

「そうか。なら,卓球しようか」

　というわけで,残りの時間は教室の後ろにおいてある卓球台で卓球をして時間をつぶした。そうして12時前,ミカは幾分厳しい表情で学校に向かった。

解　説　●操作の倍について

■ 割合とは？

　「割合って何？」と聞かれると，返答に困ります。なぜなら，〈割合〉という概念がはっきりとしていないからです。

　教科書では，割合とは，一方の量を基にしたとき，他方の量がその基にした量の何倍に当たるのかを表す数のことであるとして，

$$
割合 = 比べる量 \div 基にする量
$$

という式で定義しています。

　とは言うものの，割合ということばの使われ方は多様です。

　　　・A に対する B の割合（倍）（率）

　　　・$A : B$ の割合（比）

　　　・一定の割合で変化する（変化率・度的率）

　　　・「今日のテストは，割合簡単だった。」（日常語）

　そこで，本プランでは「日常語として使われる割合」を手掛かりにして，「割合とは，2つの量を比較して，その関係を倍で表すことなのだ」という認識につなげるようにしています。

　ここで例に出したように，「今日のテストは，割合簡単だった」という言い方は，「いつものテストと比べた結果，今日のテストは簡単だった」というように，2つの出来事を比べた結果のぐあい・程度を表しています。

　これは算数で使う割合も同じで，2つの量を比較して，2つの量の大きさの関係を表します。日常語の割合では数値がありませんから，ことばで程度を表

します。それに対して、算数で比較するときには数値がはっきりしていますから、一方の量を1としたとき、もう一方の量がその何倍になるのかで表したり、もっとも簡単な整数の組「比」で表したりします。

算数ではふつう、このようなことばの問題を取り上げて、それをきっかけにして学習に入ることはありません。しかし、割合ということばが日常語であることを知ることにより、割合のわかりにくさを軽減することができると考えています。

なお、2つの量を比較する方法には2つの方法があります。「差でくらべる」と「倍でくらべる」です。

「くらべる」の漢字は、最近ではどちらも「比べる」という漢字を当てていますが、昔の中国では「倍で比べる」と「差で較べる」という風に異なる漢字を当てていたという説があります。そしてこの2つの漢字で「比較」という熟語が成り立っていたらしいです。真偽のほどは確かではありませんが、昔の中国では差でくらべるときと倍でくらべるときの漢字を使い分けていたという説は、一考に値すると思います。

■ 倍するといくら？──「にらめっこ図」のこと

倍は、その用途に応じて次のように分類することがあります。「操作の倍」「関係の倍」「分布の倍」です。

操作の倍というのは、ある数量に働きかけて、その数量を2つ分の大きさに拡大したり、$\frac{1}{2}$ の大きさに縮小したりすることを言います。（本来の働きとしての倍）

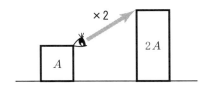

関係の倍は、2つの量 A と B があって、B は A の何倍に等しいかという関

係を表す倍のことです。（B は A を2倍した大きさである）

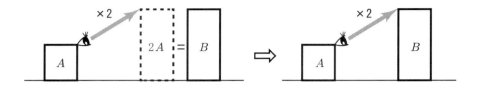

分布の倍は，全体と部分の倍関係を言い，一般には「率」と呼ばれ，基本的に1を超えない小数倍や分数倍で表されます。

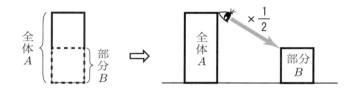

2回目の授業で取り上げているのは「操作（働き）の倍」です。

倍という用語は，教科書では2年生の掛け算から入っています。

「2 cm の長さを3つ分の大きさにすることを3倍といい，

$$2\,\text{cm} \times 3 = 6\,\text{cm}$$

と表します」

と書かれています。古い教育を受けた人には「何を当たり前なことを言っているのだ」と思われるかもしれません。しかし，いま教科書では掛け算は

「1当たりの数 × いくつ分の数 = 全体の数」

というふうに教えられており，「倍」は長さや液量に働きかける操作として少しだけしか登場しません（指導時間は2時間程度）。

3年生では割り算の付け足しで，「6 cm は 2 cm の何倍ですか？」という倍を求める割り算が少しだけ登場します（やはり2時間程度）。

この後，4年生で小数倍や分数倍が，これまた少しだけ登場します。しかし，残念ながらほとんどの子が，わけがわからなくなっているのが現状です。

掛け算・割り算の指導では，「量に基づいて教えるやり方〈量の乗除〉」をどの教科書も採用しています。そのほうが掛け算・割り算の意味が理解しやすいからです。しかし，そのことによって「倍」の扱いが宙に浮いた状態になっているのが現状です。

　倍の指導は，先に挙げたとおり，2年生から4年生のあいだで合計6時間程度しかありません。こんな指導で倍が理解できるはずがありません。とくに割合指導においては，「倍」の理解は必須条件です。ですから，「倍」の指導は，割合・百分率の指導に入る前に，それなりの時間を割いて教えないといけないのです。ところが，残念ながら，倍の指導を割合の指導の前に取り入れている教科書はありません。

　私は割合の前段として「倍の3用法」を扱います。倍が，対象に働きかけて拡大したり縮小したりする働きであることを，タケノコの成長を基にして扱います。

　タケノコの成長を扱うにはじつは理由があって，タケノコは成長しても太さが変わらないのです。つまり，縦倍だけを問題にできるうえ，その成長を図化するととてもわかりやすい図になるのです。それが「**にらめっこ図**」です（そんなこともあり，当初は「タケノコ図」とも言っていました）。

　この縦倍で比べるにらめっこ図の大きな特徴が「働きとしての倍」を矢線で表す点です。拡大倍のとき，矢線は基準量より右上に上がり，縮小を表す倍は右下に下がります。このことによって，図から多くの情報を読み取ったり，問題文で示される情報を図に描いて整理したりすることができるのです。そのうえ，図と式がうまく対応し，図の下に式を書き，その式を式変形するだけで自動的に答えが出せるのです。

■ 何倍したでしょう？

　「倍するといくら？」という「倍の説明と掛け算」を扱ったので，次は「何倍したでしょう？」という割り算で倍を求める問題に入ります。導入はタケノコの伸びを求める問題です。

　「初めの長さ」が何倍かに伸びて「今日の長さ」になっているわけですから，

第Ⅰ部　操作の倍　●解説　45

どちらが基でどちらが比べられる量か，という面倒な分析は必要ありません。

$$初めの長さ × (倍)＝ 今日の長さ$$

という式を作りさえすれば，倍がいくらであるかは式変形をして簡単に求めることができます。

　多くの教科書は，このような掛け算式を作ってそこから倍を求めるという方針を採っていません。そのため

割合 (倍)＝ 比べる量 ÷ 基にする量

という公式に当てはめて倍を求めさせるようになっています。じつは，この公式主義が割合をむずかしくさせている原因の1つなのです。

　たとえば，

Aさんは3万円もっています。Bさんは6万円もっています。AさんはBさんの何倍もっていますか？

という問題があったとしましょう。この問題を公式に当てはめようとしたとき，どちらが基にする量なのか，ぱっと判断できますか？　6万円かな？　3万円かな？　と悩みます。

　学校の多くの先生は，「Bさんの何倍」とあるのだから，Bさんが基にする量なのだという指導をします（「のがけ」の術）。そしてAさんが比べる量で，Bさんが基にする量だから，公式に当てはめると3万円 ÷ 6万円で，0.5倍となると教えています。

　ところが，子どもにすれば，これが腑に落ちないのです。もちろんやり方だけを覚えれば，腑に落ちなくても，できるようになります。それが約半数の子どもたちだと考えて間違いないと思います。

　しかし，残り半数の子どもの大半は，公式どおり3万 ÷ 6万と式が出せても，「ええ？　おかしいぞ。3万を6万で割るって，ありえないよな」

と感じて，3万 ÷ 6万という式を6万 ÷ 3万という式に書き直すのです。子どもにとって，小さい数を大きい数で割るというのはありえないのです。

　もちろん，比較する2量があり，一方を基準量1とし，もう一方の量を基準量で割ることで2量の倍関係がわかる，という認識を身に着けさせるというのは大事なことです。しかし，その試みがことごとく失敗していることも，事実として受け入れねばならないと思います。

　ここでは事前に，倍には「拡大する倍」と「縮小する倍」があることに触れていますし，そのような現象があることも知らせています。したがって，鉛筆が小さくなった場面から，「小 ÷ 大」という計算と小数倍が導き出されても，

　「ああ，小さくなったのだから〈小数倍：縮む倍〉が出るのは当たり前だ」

と思えるのです。

　それから，しつこいようですが，問題の最後に「1倍」を入れています。「1倍」という認識は，その後，割増し・割引のときにとても重要になります。

■ 基はいくら？

　割合のもう1つの難関が「基の量を求める」問題です。平成27年（2015年）度の全国学力テストの算数B問題に，次のような割合の〈基の量を求める問題〉がありました。

> いつも家庭で使っている洗剤を買いに行きました。ところがいつも使っている洗剤が20 ％増量されて480 mL になっていたそうです。いったい増量前の洗剤の量は何mL だったのでしょう？

　この問題は，最近の学力テストにしては珍しく「式を作り，計算して答えを出す」というまっとうな出題でした。そのような出題をすると，算数の実態がはっきりとします。

　さて，この問題の全国平均正答率はいくらだったと思いますか？　なんと，**全国平均正答率は13 ％** だったのです。かなり正答率が低くて，文科省も焦ったかもしれません。

第Ⅰ部　操作の倍　●解説　47

ただし，この問題は難しいです。まず，20％増量すると初めの量の1.2倍になるということがわからないことには，どうしようもありません。そして，

基にする量 ＝ 比べる量 ÷ 割合

という公式に当てはめて求めるというのが，教科書流のやり方です。

ところが，この基にする量を求める公式がなかなか身につかないのです。公式を覚えてもらうために，「く・も・わ」なる公式暗記の図を使っている先生も多いということです。この図を使って割合の問題を解いた人もいるのではないでしょうか？　しかし，この方式で割合のしくみを理解することは困難です。

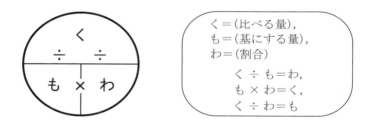

この問題は下のようにして解くと簡単に解けます。

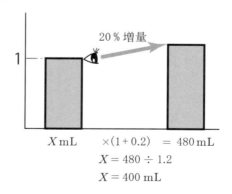

とはいえ，「割増し，割引」の3用法の練習をしないで，いきなり一番ややこしい第3用法の〈基にする量〉を求めさせるのは無理です。

割増し（割引）するといくら？
　　　　　──→　いくら割増し（割引）になった？
　　　　　──→　割増し（割引）する前はいくら？

という指導手順が必要です。

■ **倍の3用法**

　3用法というのは，2 × 3 = 6 という掛け算式があれば，乗数や被乗数を求める2つの割り算があり，1つの掛け算と2つの割り算で3つの用法が生まれるという意味です。

　　　　6 cm ÷ 2 cm は 3 倍…………第1用法　⎤
　　　　2 cm × 3（倍）は 6 cm………第2用法　⎬　比（倍）の3用法
　　　　6 cm ÷ 3 倍は 2 cm…………第3用法　⎦

　通常，指導手順というのは第1用法から始まり，第2用法，第3用法へと進みます。なぜ割り算が第1用法かというと，それは倍を定義する式だからです。

　しかし，私はこのような原則主義的な指導方法が，割合をむずかしくさせているのだと思います。「倍とは何か」から始めるのではなく，「倍ありき」で進むべきです。

　つまり，「倍するといくら？」があって，「何倍したのだろう？」という問題が成り立ち，最後に，倍した結果の量から倍する前の量を求める「もとの量はいくら？」という問題が成り立つのが自然だと思うし，そのように指導したほうがわかりやすいからです。

第Ⅱ部
関係の倍

6回目の授業

倍関係を見つけよう
ミカ，関係の倍がわかる

● ビルの高さを比べる。
　どっちを基にすればいい？

　今日も快晴，明るい日差しが分校の廊下に窓枠の影を映して差し込み，暖かな空気が充満している。

　ミカが来る前に廊下の掃除をすることにした。掃除といっても，水で濡らしたモップで廊下を拭くだけの簡単な掃除だ。

　掃除をしていると，外から，「ニャオ，ニャオ」と猫の声がしている。覗くと「クロ」がいる。

　「クロ」は昔，私が分校に勤めていたとき，ネズミ退治のため飼っていた猫の名前だ。分校が閉校になってからは分校の裏の家の厄介になり，いまではすっかりその家の猫で収まっている。しかし，たまには分校が恋しくなるのか，ときどきやってきて，校内を探索することがある。

　ドアを開けてクロを中に入れると，クロはとりあえずという感じで一度だけ体を摺り寄せてくる。そのあとはいろんな場所を点検して回り，陽だまりの暖かい場所を見つけると，丸まって眠るのであった。

　掃除が終わると，ミカがやってきた。昨日よりは元気そうに見えた。
　「おはよ。先生，来たで」
　「やあ，元気そうやな」
　「まあな」と相変わらずの口調ではある。

が，すぐにクロを見つけ，

「ええ，猫がおる」と言うや否や，荷物をそのままにして猫のもとに駆け寄った。

いい迷惑なのはクロだ。せっかくの眠りを妨げられた上に，なでられたり，手をもてあそばれたり，抱かれたりしなくてはいけないのだ。分校時代からいじられるのに慣れてはいるので逆らいはしないけれど，明らかに迷惑そうではある。

頃合いを見計らって

「勉強しようか！」と言うと，しぶしぶ教室に入ってきた。勉強の前にクロの話をすると，

「ええな，私も分校に来たかったな」と言う。

「そうやな，学校の中を猫が自由にうろうろして，授業中も子どもの机の上に上がってくる。そんな学校，もうないかもな」と言うと，

「先生，分校で好き勝手してたんやな」と笑いながら言った。

「そういや，そうやな」と私も笑った。

「さて，今日はちょっとむずかしい勉強になるで」

「へえ，むずかしすぎるのはいややで」

● 問題 ●　太郎さんのビルは 15 m です。次郎さんのビルは 12 m です。次郎さんのビルは太郎さんのビルの何倍でしょうか？

この問題を見たとたん，

「ああ，これや，この問題がさっぱりやったんや」とミカが怒ったように言った。

「ほほう。何がさっぱりわからんのやろ？」

「何が言うても，どっちが基にする量なんかがさっぱりわからんかったんや」

「そうやな，いままでの倍の問題なら，あるものが伸びたり縮んだりしたから，どっちが基になっているのかすぐにわかったわな。〈18 cm が 9 cm に縮んだ。何倍に縮んだ？〉なんて，簡単やったよな」

「うん」

「でも，今度の問題は，2つの量の関係って別にないよな。伸びてもないし，縮んでもないからな」

「そうや。だから，わけがわからんかったんや」と言って，ミカははたと膝を打った。

「そこで，こんな問題をやっつけるときは一手間いるのよ」

「何なん？　その一手間って？」

「一発で解けないので，ちょっと手間をかけなあかん，ということや」

「ふうん」

　小学校算数は一発解決の問題が多いこともあり，問題を解くのに一手間も二手間もかけなければいけない問題を，子どもたちは嫌がる傾向がある。結局，こういった態度が割合をむずかしいと感じさせる原因だと言える。

「そしたら，謎解きしようか。とりあえずわかっていることを取り出そうか。わかっていることは？」

「太郎のビルが 15 m と次郎のビルが 12 m だけや」

「そうやな，それで何を求めるの？」

「何倍か？」

「そうそう。何倍でしょうか？　って聞かれているな。もうちょっと詳しく言うてみて」

「ええ？　どういうこと？」

「だから，〈何は何の何倍でしょう？〉って書いてない？」

「ああ，書いてる。〈次郎ビルは太郎ビルの何倍でしょう？〉って書いてる」

「そうやろ。それって，そのまま式にならない？」

「ええ？　式にするの？」

「そう，そのまま式になる」

「ひょっとして」と言って，次の式を書いた。

$$次郎ビル ＝ 太郎ビル × 何倍$$

「すごー。そのとおりや。次郎ビルって 12 m で，太郎ビル 15 m やったな。

それを入れて式にしてみて」

ミカは，わけがわからないといったようすだったが，とりあえず数値を入れた式を作った。

$$12m = 15m \times X\,(倍)$$

「正解。つまり〈次郎ビル 12 m は太郎ビル 15 m を何倍したものですか？〉という問題や」

「へえー」

珍しくミカが何も言ってこない。

「言い方を変えると，15 m の太郎ビルを何倍に縮めたら 12 m の次郎ビルと同じ高さになるか，ということや」

「ああ，めんどくさー。先生，もっとさっさとできる方法ってないの？」

「わかった，整理しよう」

● **問題** ●　太郎さんのビルは 15 m です。次郎さんのビルは 12 m です。次郎さんのビルは太郎さんのビルの何倍でしょうか？

・問われているところを四角で囲む。

> 次郎さんのビルは太郎さんのビルの何倍でしょうか？

・その部分をそのまま

$$○○ \ = \ □□ \ \times \ △$$

の式にして，数値を入れる。

> 次郎ビル 12 m ＝ 太郎ビル 15 m × X

・式を入れ替える

$$〈\ 太郎ビル 15\,m \times X = 次郎ビル 12\,m\ 〉$$

第Ⅱ部　関係の倍　●6回目の授業　55

・図と式に表す。

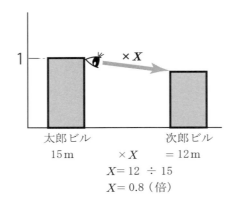

「どう，わかるかな？　できそう？」
そう言って，ミカの顔を覗き込む。
「わからん。先生，問題出して。解いてみる」
とは言うものの，渋い表情だ。
「じゃあ，この問題やってみよう」

● 問題 ●　父の体重は 80 kg，僕の体重 50 kg．父の体重は僕の体重の何倍になっている？

・問われていることを四角で囲む。

父の体重は僕の体重の何倍
↓　そのまま式に
父 80 kg ＝ 僕 50 kg × X　⟶　⟨ $50 × X = 80$ ⟩

・図式で解く。

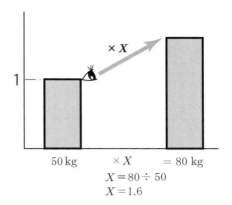

$X = 80 \div 50$
$X = 1.6$

「わかった。問題で問われているとおりに掛け算の式にしたらええんや。そして，式を作って図に描いたら簡単に解ける。先生，これはいい。もっと問題出して」

● **問題** ● 妹の体重は 40 kg，僕の体重は 50 kg。妹の体重は僕の体重の何倍？

$$\boxed{40 = 50 \times X} \longrightarrow \langle\, 50 \times X = 40 \,\rangle$$

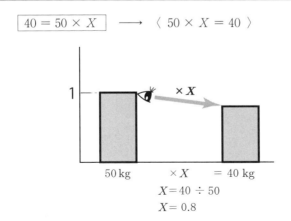

$X = 40 \div 50$
$X = 0.8$

「めちゃ簡単や。このやり方，誰が考えたの？」
「先生や」
「先生，嘘言うたらいかんので？」

第Ⅱ部　関係の倍　● 6回目の授業

「ははは，ばれたか。ある人に教わったんや」

●問題● 80 cm の赤いテープと 32 cm の青いテープがあります。青いテープは赤いテープの何倍でしょう？

$$32 \text{ cm} = 80 \text{ cm} \times X \longrightarrow \langle 80 \times X = 32 \rangle$$

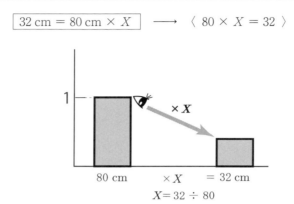

$X = 32 \div 80$
$X = 0.4$ (倍)

●問題● 僕の身長は 140 cm，お父さんの身長は 175 cm です。お父さんの身長は僕の何倍？

$$175 = 140 \times X \longrightarrow 140 \times X = 175$$

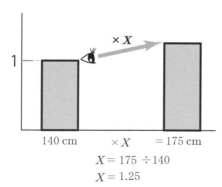

$X = 175 \div 140$
$X = 1.25$

● **問題** ● 僕の身長は 140 cm，お父さんの身長は 175 cm です。僕の身長はお父さんの何倍？

$$\boxed{140 = 175 \times X} \longrightarrow 175 \times X = 140$$

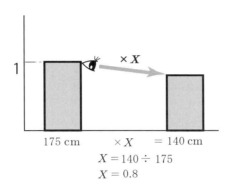

$$X = 140 \div 175$$
$$X = 0.8$$

　この問題を解いた後，

「へえ，子どもから大人を見れば，大人は子どもの 1.25 倍に見えて，反対に大人から子どもを見ると，子どもは大人の 0.8 倍に見えるんや。おもろいな」
と，ミカがしみじみと言った。

「おもしろいやろ。人間って，自分から見た相手しか考えないけれど，見方を変えて，相手から見た自分というのも考えなあかんのや」

　ちょっとだけ偉そうに言うと，すかさずミカが，

「へえ，先生みたいなこと言うてる」

　そう言い残すと，ミカはバッグを抱えて学校に向かった。

　どうやら，ここに来てから学校に行くというのが習慣になりつつあるようだ。背中から緊張感が感じられなくなってきている。

関係の倍, 基の量をもとめる

ミカ, やり方がわかる

● わかっている倍関係から基にした量を知る

　2月も終盤が近づいてきたというのに, 相変わらず冷たい風が吹きつける朝。そんな冷たい風にさらされながら, 校庭の隅っこでは水仙が花を咲かせている。

　事務所に入り, 30年も前の取っ手の壊れかけた丸ストーブにマッチで火をつけ,「北風吹きぬく寒い朝も, 心ひとつで暖かくなる……」と歌っていると, ミカがどかどかとやってきた。

「おはよ」

「やあ, 元気そうやな」

「元気やで」

「そうか, それはよかった。ところで, 学校はどう？」

「まあまあやな」と, いつもどおりの返事。

「そうか」と言うと, 突然, 思い出したように,

「ああ, 先生, 聞いて。このあいだ学校に行ったとき, 学年末テストどうするんやって聞かれたんや。どうしよう？」

と, 困った顔になって聞いてきた。

「学期末テストいうても, 3学期ほとんど学校に行っていなかったから, 何やっているかわからんやろ？」と言うと,

「うん, そうなんや。やめとこうかな？」とつぶやく。しかし,「あかん。私,

テスト受ける。だから，テスト期間中，毎日来るで」と，意を決したように言う。

「毎日来るって，ひょっとして，ここに来るってこと？」と聞くと，

「そう，気に入ったんや」と言うではないか。こっちが驚いているのを見て，

「先生が気に入ったんとちゃうで。ここが気に入ったんや」と説明してくれた。

「そらええけど。数学以外は教えられないけど，いいの？」

「大丈夫，自分でやるから」

「そうか。そしたらテスト期間中だけは毎日おいで」

ミカはニコッと笑って，

「さあ，今日の問題は何？」と，俄然やる気になって，問題を要求してきた。

「そしたら，このあいだの復習問題やってみようか」と言って，問題を黒板に書いた。

● **問題** ● A 中学校の生徒は 250 人，B 中学校の生徒は 150 人，B 中学校の生徒は A 中学校の生徒の何倍ですか？

(B 中 150 人 = A 中 250 人 × X) ⟶ 〈 $250 × X = 150$ 〉

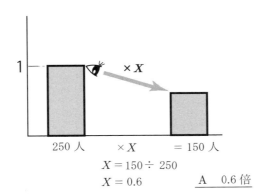

$X = 150 ÷ 250$
$X = 0.6$　　　A　0.6 倍

「できたで」と言うので，ノートを見てみると，できている。

「もう簡単みたいやな！」と言うと，ミカは親指を立てて，

「なんで，こんな問題ができなかったのかがわからん」と言う。

「なるほど，ばっちりやな。それでは今日の問題」

● **問題** ● C 中学校 240 人は D 中学校の 1.2 倍だそうです。D 中学校の
生徒数は何人？

「ええ？　何これ？　わからん」とミカが叫ぶ。

「そうか，わからんか？」

「わからん，こんなの反則や」と愚痴り始める。「□□は○○の△倍がないやん」

「いや，あるって。よーく読んでみて」

そう言うと，ミカはプリントを持ち上げ，老人が新聞を読むような格好になって，問題を読んだ。

「ああ，あった。これや」

そう言うと，問題文に線を引いた。

C 中学校 240 人は D 中学校の 1.2 倍だそうです。D 中学校の生徒数は何人？

「これでいいのかな？」と自信なさそうに聞いてきた。

「ほほう，すばらしい。そのとおりや」

そう答えると，ミカは満面の笑みになり，

「なんかこんな問題，前にもやったような気がするな」と言ってきた。

「ほら，図に描くと思い出すかも」と言うと，ミカはにらめっこ図に描きはじめた。

「ああ，基の数がわからんやつや。やった。できた」

$$\boxed{\text{C 中}(240 \text{人}) = \text{D 中}(X \text{人}) \times 1.2} \longrightarrow \langle\, X \text{人} \times 1.2 = 240 \,\rangle$$

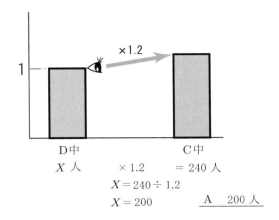

「おめでとう」

「正解？」

「ああ，大正解や」と言うと，ミカが

「ああ。気分がええわ。ほんまにできると気持ちがええもんなんやな」と言って笑った。

「そうなんや。なんか絶対できんやろと思っていても，手掛かりさえあればできるもんなんや」

そう言うと，

「いままでやったら，ちょっと考えて，無理や思ったらやらんかったもんな」と，ミカがしみじみと言った。

この〈やったらできる〉実感や成功体験を小学校でたくさん味わわせられないと，子どもは伸びない。しかし，いまはその成功体験が〈いい点を取る〉ことに取って代わられている。

「もっと問題出して」

●問題● 香川県の面積は1800 km²で，これは北海道の面積の 0.02 倍だそうです。北海道の面積は何 km² ですか？

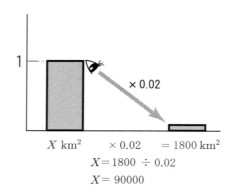

「香川県,狭い。これホント？」
「ほんとや。そうしたら,北海道の面積が香川県の何倍か計算してみようか」
「ええ？ そんなんできる？」
「できるできる」と言って,少し図を描くと,
「ああ,わかるわかる。もう描かんといて,自分で描くから」
そう言うと,ミカはノートににらめっこ図を描き,式を作った。

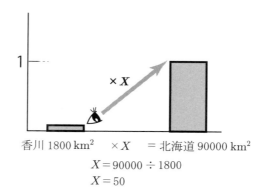

「すご。北海道って,香川県の50倍もあるんや」
「びっくりやろ？」と言うと,
「北海道って,ええな」とミカが言う。
「どうした？ 行ってみたいか？」

「うん」
「たぶん,高校の修学旅行は北海道やで」
そう言うと,
「へえ,そうなんや」
ミカはちょっと考え込んだ。将来のことを考えてしまったのだろう。
「先生,こんな問題,面白いな。もっと出して」
「わかった」

● **問題** ● 香川県の面積は $1800\,\mathrm{km}^2$ で,これは岡山県の面積の 0.25 倍 です。岡山県の面積は？

「簡単,簡単」
ミカはそう言うと,問題をすらすらと解いた。
「どうだ」と言ってノートを見せてきた。

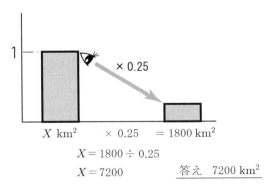

香川 $1800 =$ 岡山 $\times 0.25$ → 岡山 $\times 0.25 =$ 香川 1800

$X = 1800 \div 0.25$
$X = 7200$

答え　$7200\,\mathrm{km}^2$

「香川県って小さい県なんやな」と,ミカが驚いたように言う。
「小さいけど,広いよ」
「わけわかんない」ミカはそう言うと,帰り支度を始めた。
「だけど,今日の勉強はよくわかった」という言葉を残して,ミカは出ていった。

解　説　● 関係の倍について

■6回目の授業──倍関係を見つけよう

　ここが，教科書が割合のメインとなると考えている箇所です。

　先にも説明したとおり，ここでは比較する2つの量に因果関係がありません。そのため，どちらが基となる量なのかがわからなくなります。本来は，「関係の倍」の学習に入る前に，本書で示したような，2つの量の因果関係がはっきりしている「操作の倍」の学習が必要なのです。

　しかし，教科書では，そういった操作の倍の復習や練習をしないままに，突然，

> 太郎さんのビルは15mです。次郎さんのビルは12mです。次郎さんのビルは太郎さんのビルの何倍でしょうか？

などという問題が出てくるのです。

　「ええ？　何これ！　何を問われているの？」

　「わけわからんし」

となるのもうなづけます。

　突然このような問題を出されて，どちらが基にする量でどちらが比べる量なのかを見つけて割り算で倍関係を見つけなさいと言われても，大半の子はちんぷんかんぷんになります。

　（教科書会社によっては確率の問題を使って割合を求めさせようとしていますが，これも取っつきにくいかもしれません。）

　さて，これを解決するのは，ちょっとした工夫が必要です。たいていの場合，割合の文章問題で問われるのは

66

です。この問いはそのまま

$$□□ = ○○ × △$$

という式にできます。そして，にらめっこ図に描き起こし，式変形で解く，というやり方で簡単に倍を見つけ出せます。

たとえば，

　　12 m ＝ 15 m × 何倍なのか？

という問いは

　　15 m × 何倍 ＝ 12 m になるのか？

という問いに変換できます。

このようにすると，問われている内容がすごくすっきりと読み取れます。この読み取りさえうまくいけば，あとはこれまでどおり，倍の問題として図に描き起こして式変形で解けるのです。

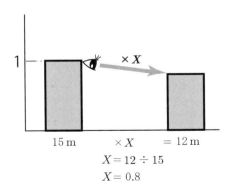

あまりにも簡単すぎて驚かれるかもしれませんが，問題文に書いてあるとおり掛け算式にすれば事足りるのです。

なぜ，こんなに簡単なことが見過ごされてきたのか謎です。おそらく

$$割合 ＝ 比べる量 ÷ 基にする量$$

という公式に足元をすくわれていて，割り算から教えないといけないと，みんなが思い込んでいたからではないかと思います。

■7日目の授業──関係の倍・基の量を求める

教科書では「関係の倍」などという用語は出てきません。しかし，2つの量の関係を倍で表すことは，日常的にはとてもよく目にすることです。

たとえば，同じような商品を見かけて値段の違いに驚くことがあります。「AはBの3倍もの値段が付いている」などと言ったりします。あるいはリフォームの見積もりを2社から取ったとき，「リフォーム代金の違いが1.5倍もあった」とか言います。それは私たちがけっこう無意識のうちに，2量の比較を，倍を使って行っている証拠なのです。

7日目の授業は，こういった関係の倍の問題で，基にした量がわからない問題（第3用法）の授業です。ここでも

> □□ は ○○ の △ 倍？

が役に立ちます。

> C中学校240人はD中学校の1.2倍だそうです。D中学校の生徒数は何人？

この問題を出したとき，ミカがパニックっていましたが，

　　　C中学校240人はD中学校の1.2倍

に目をつければ，問題文の構造は一気に読み取れるようになります。

> C中学校240人はD中学校の1.2倍 だそうです。D中学校の生徒数は何人？

⟶ C中(240人) = D中(?人) × 1.2 ⟶ X人 × 1.2 = 240人

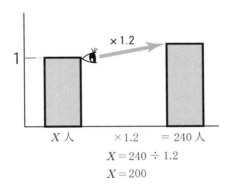

$X = 240 ÷ 1.2$
$X = 200$

こうやって考えると，割合の問題って，基本は掛け算式をそのまま文章の問題にしていることがすっきりと見えてきます。

第III部

分布の倍（率）

8回目の授業

シュートの成功率

ミカ，バスケの
シュート成功率を考える

● 全体と部分の割合がわかる

　次の日からミカは毎日やってくるようになった。どうしても学期末テストを受けるらしい。

　私としては，自分の仕事もあり，ミカにさほど時間を割けない状況ではあった。しかし，ミカは9時過ぎに来て12時近くまで，自分で勉強をした。見ていると，学校が与えた各教科のワークブックを，丹念にコツコツとやっている。

「自分の家でもできるのとちがう？」と声をかけると，

「あかん。家やったら寝てしまうねん」と，こちらを見ずに答える。

「そうか，がんばりや」

「先生もな」

　相変わらずではあるが，テスト期間中は毎日，勉強をした。

　試験が終わった次の日，

「先生，来たで」

　そう言うなり，ミカは

「あのな。ええニュースがあるねん」と言ってきた。

「なんやねん。そのニュースは？」

「聞きたい？」

　めんどくさい奴やな，と思いながら，

「ああ，聞きたい」と答えると，

「あんな，うち，バスケのレギュラーになれるかもしれんのや」と，目を輝かして言った。

「そうか。そらよかったな」と言うと，

「そうやねん，この日曜日の練習試合のベンチ候補に入ったんや」

「試合に出られるの？」

「当たり前や」と，いかにもうれしげであった。

「ほほう。それじゃ，今日はバスケの問題をやろうか」

「ええ？　バスケの問題って？　割合の問題にバスケの問題が出るの？」

● **問題** ●　　バスケ・クラブに1年生のS選手とM選手がいます。監督は次のクォーターでS選手，M選手のどちらかを使いたいと考えています。

　　そこで，2人のフリー・スローのデータを見ました。すると，S選手は300本シュートしたうち240本成功，M選手は240本シュートしたうち210本成功していることがわかりました。

　　さて，どちらの選手がシュートを成功させる可能性が高い選手だと言えますか？

「あ，本当や，バスケの問題や！」

「な，バスケの問題やで。SとMどっちがシュート決めるのうまいのかな？」

「たぶんMかな？」

「どうしてそう思う？」

「だって，失敗が少ないもの」

「なるほど，そうやな。でもじつは，しっかりと計算で，どちらがうまいか決めることができるんや」

「そんなんできるの？」

「そんなにむずかしいこととちゃうで」

「どうするん？」

第Ⅲ部　分布の倍　●8回目の授業　73

「全体と部分を比べるんや。たとえばSちゃんは，全部で300回シュート打ったよね」

「うん」

「そのうち何本成功した？」

「240本や」

「そうや。そこで，全体300本と成功240本を比べるんや」

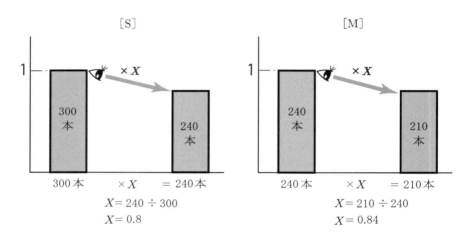

「なんや，めちゃ簡単やんか」

「そうやろ？ ところで，SちゃんとMちゃん，どっちがシュート入りやすい？」

「そら，Mちゃんやな」

「どうして？」

「0.8より0.84のほうが高いから」

「そうや。それでは問題です。Sちゃんが100本シュートを打ったら何本成功するでしょう？」

「そんなん，わかるわけない」

「でも，Sちゃんは〈打った本数の0.8倍は成功する〉と考えるんや」

「なら，80本や」

「どうやって計算した？」

「そら，100 × 0.8 や」

「そうや。じゃあ，M ちゃんは？」

「100 × 0.84 で 84 本やな」

「ピンポン！」

「あ，わかってきた。0.8 とか 0.84 とかは，選手のシュート能力を表してるんや」

「そうそう。ミカちゃんはどのくらい？」

「へへ，うちは 100 本中 100 本入れるで」

「へえ，100 ％ の成功率なんや」と，思わず言ってしまった。ミカはそれを聞いて，

「あ，これが ％ なんや！」と叫んだ。「ひょっとして，S ちゃんのシュート成功率って 80 ％ なんとちがう？」

「そうや」

「M ちゃんは 84 ％ や」

「そうや」

「バスケのコーチが，〈シュート成功率〉って言ってた意味がやっとわかった」

「それはおめでとう」

「うん，すっきりした。ところで何なん，〈パーセント〉って？」

「いま見つけたとおり，100 につきいくら，というのがパーセントや。百分率とも言う」

「そこらへんが小学校のときからわからんで，イライラしとるんや」

「そうやろな。ミカちゃんはこの勉強を始めたころ，0.8 倍ってわからんかったやろ？」

「うん」

「いまは？」

「いまはバッチリや」

「そうか。昔はミカちゃんと同じで，小数倍なんて考え方がなかったから，小さいものを大きいもので比べるときは，基にする大きな数を 100 に分けて

〈そのいくつ分〉で表したんや」

「ふうん」

「さっきの例で言うと,

	全体	成功
	300 本	240 本
倍	1	0.8 倍
百分率	100	80 %

まあ,こんな感じや」

「ふうん。300 本中 240 本成功するというのは,100 のうち 80 は成功するということやな。ほんで,これを 80 % 言うのや」

「ところでミカちゃん,ほんとのところ,成功率って何 % ぐらいなの?」

「へ,へ,へ,本当は 70 % ぐらいかな。でも,なぜだか 3 ポイントはうまいんやで。だいたい 80 % 行ってるで」

「すごい!　80 % はあまりおらんやろ」

「そうなんや。だからベンチ入りできるんや。ところで先生,さっき〈成功率〉とか言うてなかった?」

「ああ,言うたで」

「何?　その〈率〉って?」

「ああ,全体と部分を比べるとき,〈部分が全体に対してどれだけに当たるのか〉というのを〈○○率〉という言い方するんや」

「なんや。ややこしいな」

「そのうち慣れる」

「そういや,うちの父さんが,競馬の勝率が 5 割やって言うてたわ」

「へー,父さん,競馬するんや」

「なんでも,競馬が一番固いんやって」

「そうか。先生もやろうかな?」

「あかんで,先生。ギャンブルは」

76

「そうか」

「人間はコツコツ真面目に稼がなあかんのやって」

「へえ，すごいな。ミカちゃん，堅実なんや」

「いや，車に乗ったら，ばあちゃんがそんな話してくるんや」

「そうか。ええばあちゃんやな」

「うん。なんでも，死んだじいちゃんがギャンブルが好きで，失敗したんやって」

「よくある話やな」

「ところで，5割って何？」と，ミカが真顔になって聞いてきた。

「ああ，〈割〉な。昔々，日本には0がなかったんや」

「ええ？　何の話？」

「だから，小数倍をうまく言えなかったんや」

「それって，パーセントと同じやんか」

「そうやな。でもな，％と違って小数はあったんや」

「どういうこと？」

「0がないから，0.8という表し方はできんかったんや」

「ふうん。それで？」

「そこで，1より小さい数はそれぞれの位に漢字をあてがったんや」

「ええ？　どういうこと？」

「たとえば $\frac{1}{10}$ の位には〈割〉，$\frac{1}{100}$ の位には〈分〉を，$\frac{1}{1000}$ の位には〈厘〉という漢字を当てていたんや」

「へえ，そしたら5割いうのは0.5のこと？」

「すごい。ミカちゃん，冴えてるな」

「それほどでも……」

「じゃあ，0.8は？」

「8割？」

「正解」

「0.84は？」

「ええと，〈8割4分〉かな？」

第Ⅲ部　分布の倍　●8回目の授業　77

「正解」

「もっと小さい位になっても漢字があるの？」

「ああ，あるある。割・分・厘・毛・糸・……・塵・劫まであるで」

「へえ，知らんかった」

「こんな漢字で表す小数を〈歩合〉って言うのや。見たことない？」

「ああ，あるある。3割引とか5割引とかいうシールを張っているの見る。……そうか，3割引いうのは〈値段の0.3倍分を引きます〉っていう意味なんや」

「すごい。そのとおり」

「ああ，これもわからんかったんや。先生，ありがとう」

突然ミカにお礼を言われてびっくりしたが，本当はしっかりした子だったのだと改めて気づく。

「ところで，そろそろ終わりなんやけど，最後の問題やろう」

●問題● 人間の体重の60％は水分であると言われます。体重80kgの人の水分は何kgでしょう？

「どう？ わかる？」

「先生，ミカを舐めたらあかんで」

そう言うと，ミカがあっという間に問題を解いた。

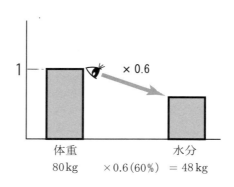

「へえ，すごい。できるやん」

「わかったんや。これまで％と小数倍が何のことかわからんかったんやけれど，それがわかったんや」

「すごい！」

「60％を掛けたらあかんのや。ミカはいままで60を掛けたり引いたりしていたんや」

「ああ，やっぱり」

「これは小数倍に直さんと計算できんのや」

ミカが得意になって，％を使う計算のやり方を説明した。

「ああ，すっきりした。先生もう1問出してよ」と言う。

「ええ？　遅れるで？」

「大丈夫，すぐ解けるから」と言うので，もう1問出した。

●問題●　学校の中庭は2000 m²あり，そのうち1600 m²が芝生になっています。芝生は庭全体の何割を占めていると言えますか？

「ふうん。できそうや」

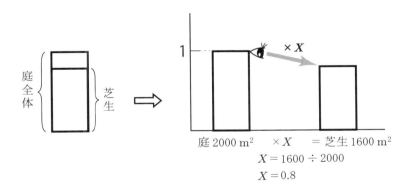

「できた，0.8倍や」と，ミカが喜んで言った。

「でも，聞かれているのは何割かやで？」

「ああ，そうや。なら8割や」

ミカは大急ぎで学校に向かった。

9回目の授業

いろいろな率の練習問題

ミカ, どんどん問題が解ける

● 出席率・男女比率・子どもの人口比率など

「おはよー。来たでー」

いつも通りのミカがやってきた。でも, 何やら声に元気がある。

「おはよ。どうやった試合？　出られた？」

「出たで。なんと, ミカの3ポイントで逆転勝利や。すごいやろ」

「へえ, 出られたんや。3ポイント逆転勝利って, ほんまか？」

「ほんとうやって。69対67で負けてたんや。残り30秒でミカの3ポイントが決まったんや。すごかったで」

「そうか。やったね。おめでとう」

「まあな。ミカの実力から言うと当然やけどな」

ミカの顔が思いっきりほころんだ。

「みんな, 褒めてくれたやろ」

「うん。久しぶりに褒められたわ」

「よかったな」

「うん」

「さあ, 勉強しようか」

「もう, どんな問題でも大丈夫やで」

「そうか, じゃあ, 練習問題を5問やろう」

「OK」

● **問題1** ● Tさんの学校の1年生は200人で，そのうち116人が男子だそうです。1年生全体に占める男子の割合は何％か？

● **問題2** ● Tさんのクラスでインフルエンザが流行り，今日はクラス全員の2割に当たる6人が欠席したそうです。Tさんのクラスの人数は何人でしょう？

● **問題3** ● Hさんのクラスは40人そのうちスマホを持っている人が全体の60％だそうです。スマホを持っている人は何人？

● **問題4** ● Nさんの学年で自転車できている人は30人で，学年全体の15％だそうです。学年全体の人数は何人？

● **問題5** ● Bさんの住むA市の小学生は8190人で，これは市の人口の9％に当たるのだそうです。市の人口は全部で何人？

「ええ？ むずかしそうやな？ いままでどおり，

〈○○ は □□ の △ 倍〉

を探して図にしたら解けるのかな？」

「ああ，いままでどおりやけれど，〈○○ は □□ の △ 倍〉となっていない場合もあるから，気を付けてやってみようか？」

「ええ？ ミカ，そんなんわからんで！」

「ともかくやってみようか」

● **問題1** ● Tさんの学校の1年生は200人で，そのうち116人が男子だそうです。1年生全体に占める男子の割合は何％か？

「ナニコレ！ 〈○○ は □□ の △ 倍〉がないやん」

「そうか？ ほんまやな。どうする？」

第Ⅲ部 分布の倍 ● 9回目の授業 81

「まあ，ええわ。図に描いてみる。ええと，全体の人数と男子の人数を比べているんや。男子の割合って，何？」

「男子が全体の何倍かってことや！」

「ああ，わかった。〈割合はなんぼ？〉と〈何倍か？〉は一緒や」

そう言うと，ミカはにらめっこ図を描いた。

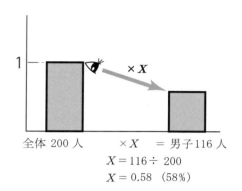

「ほほう。すばらしい。正解や。どうして200人が基にする量ってわかったの？」

「だって，全体と部分を比べているのやろ。としたら，全体が基にする量に決まっとるやんか」と得意顔になって説明した。

「すばらしい。もう〈○○は□□の△倍〉とか探さなくても，やれそうやな」

「たぶん大丈夫」

● 問題2 ●　Tさんのクラスでインフルエンザが流行り，今日はクラス全員の2割に当たる6人が欠席したそうです。Tさんのクラスの人数は何人でしょう？

「ええ？　これまた，ややこしいやつや。なになに，クラス全員の2割に当たる6人が休んだ。クラス全体の人数がわからんのや。ほんで，その2割の人数が6人ってか！　わかった。これ，基の量がわからんやっちゃ」

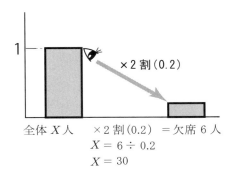

「これでどうだ」
「すばらしい。ミカちゃん賢(かしこ)なってない？」
「もう，初めからやって言うてるやろ」
「そうやったな。ごめんごめん」

●問題3● Hさんのクラスは40人，そのうちスマホを持っている人が全体の60%だそうです。スマホを持っている人は何人？

「超簡単。スマホを持っている人が全体の60％やろ？　全体が40人やから……。これ，そのまま掛け算やんか」

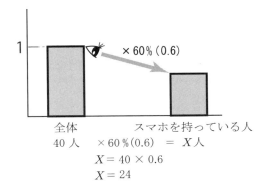

「ばっちりや」

第Ⅲ部　分布の倍　●9回目の授業　83

「ところで，中学１年生になったら，みんなスマホ持ってるの？」

「うちは持ってないで」

「そうか」

「でもな，持ってないと友達ができん」

「なんで？」

「みんな，LINE でつながっているからな」とミカが寂しそうに言った。ミカが学校を嫌がっている理由の１つかもしれないと思った。

「さあ，次の問題をやろうか？」

「うん」

● **問題4** ●　Ｎさんの学年で，自転車で来ている人は 30 人で，学年全体の 15 % だそうです。学年全体の人数は何人？

「ああ，これも基の量を求めるやつや」

「すご，一発でできそうやな」

「先生，ミカちゃんを舐めたらいかんて，前にも言ったやろ」

そう言うと，ミカは図を描いて，あっという間に問題を解いた。

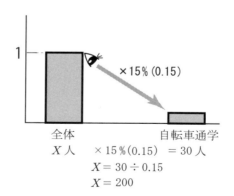

「完璧やな」

「めちゃ簡単になってきたわ」

「最後の問題な」

●問題5● Bさんの住むA市の小学生は8190人でこれは市の人口の9％に当たるのだそうです。市の人口は全部で何人？

「なになに，市の人口の9％が子ども8190人，市の人口はわからない。……なんや，また基にする量がわかってないパターンや。先生，この問題，好きなんか？」
「いやいや。これがむずかしいんや」

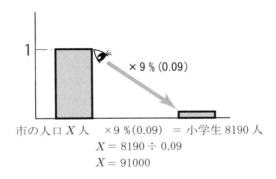

市の人口 X 人　×9％(0.09) ＝ 小学生8190人
$$X = 8190 \div 0.09$$
$$X = 91000$$

「できたー」
「正解。すごいな。全問正解や」
「先生。ウチ勉強好きかも」
「本当やな。わかりやすなった？」
「うん。図に描いたら大抵わかるようになった」
ミカは本当にうれしそうであった。
「先生，ほな，行ってきます」
そう言うと，ミカは道具をさっさと片付け，おばあさんが待つ車に向かって駆け出した。学校に行く後ろ姿にもう緊張感はない。

解　説　●分布の倍について

■8日目の授業——分布の倍：％・歩合

　割合の中でもっとも頻繁に使われるのが〈率〉です。これはお話の中でも説明したとおり，全体と部分の比，あるいは全体を1としたときの部分の割合を意味しています。また，こういった率を表すのに％や歩合を使うことが多いです。

　さて，「パーセント（percent）」というのは，

　　　　パー（……につき）セント（100）

ですから，「100につきいくら」という表し方で，8％は $\frac{8}{100}$ と表記したほうが，そのまま計算に使えて便利です。

　ちなみに，1％以下の場合は「パーミル（permil）」という単位を使います。8パーミルというのは $\frac{8}{1000}$ のことです。でも，このごろは0.8％などという言い方になっています。

　歩合ですが，

　　　割・分・厘・毛・糸・微・繊・沙・塵・埃・渺・漠・模糊

というよう表す古代の小数表記です。『塵劫記』という江戸時代の数学書がありますが，この題名に使われている塵と劫もそうです。それ以外に，漠然としたとか曖昧模糊としているとか，意外に私たちの日常にこの小数表記があるのに驚かされます。

　それはさておき，子どもたちが基本的によくわかっていないのは，小数倍と％・歩合の関係なのです。

　教科書では，0.01が1％で，0.1が1割という説明をしていますが，1％は $\frac{1}{100}$ 倍の大きさ，1割というのは $\frac{1}{10}$ 位のことというふうに，原則にそって教えておくことが大事です。

そして，％や歩合は〈小数倍〉に直さないと計算できないことも，しっかり押さえておきたいところです。

■9回目の授業──練習問題

「分布の倍」の文章問題練習です。

分布の倍の問題は，基にする量が全体ということがわかってさえいれば簡単なのですが，そこに百分率や歩合が入り込んでくるので，ややこしく感じるようです。ポイントは，百分率や歩合はすべて小数倍に変換して問題を解くということです。

それから，意外に忘れられているのが，式に単位を付けて立式する大切さです。たとえば，

> Bさんの住むA市の小学生は8190人で，これは市の人口の9％に当たるのだそうです。市の人口は全部で何人？

このような問題でも，

$$X 人 \times 0.09 = 8190 人$$

という名数式にすると，0.09というのが単位の付かない倍のことだというのがはっきりします。〈倍・割合は単位が付かない〉，〈それ以外は単位が付く〉ということをしっかり押さえておきたいものです。

じつは，算数教育では式に単位を付けることを認めていません。これは非常に不幸なことだと私は思っています。というのも，式に単位を付けることで「何に何を掛けて，何を求めるのか」あるいは「何を何で割って，何を求めているのか」がすっきりするのです。

たとえば，進んだ距離を時間で割ると，単位時間当たりの距離が求められます。これが速度です。

割合は，たとえばある長さAをある長さBで割ると，そこからは倍関係が

第Ⅲ部　分布の倍　●解説　87

浮かび上がってきます。

$$12\,\mathrm{m} \div 6\,\mathrm{m} = 2$$

これがわかっていると，2が倍であることは容易に理解されるのです。

また，量の問題と倍の問題の質的な違いも理解されるようになります。名数式による立式を，算数教育の中にぜひ取り入れてほしいものです。

それはさておき，関係の倍のときは，文章の読みこなし術が必要ということで，〈○○ は □□ の △ 倍〉に目を付けて立式するようにしていましたが，練習問題を重ねるうちに，こういったテクニックがなくても，文章問題からどの量が基にする量なのかが読み取れるようになってきます。そのためには，ある程度，練習する必要があります。

ミカの場合は自分で解決していますが，こういった文の読み下しは個人差が大きいので，一人一人に応じた対応が必要です。

第IV部

いろいろな割合の
使われ方

割 引
ミカの嫌いな問題

● 定価の○○％引き・○割引き

　日ごとに陽射しが強くなり，分校の前にある梅畑の梅が満開を迎えようとしていた。メジロやモズがやってきて，せわしなく梅の花の蜜をついばんでいる。
　これはシャッター・チャンスだと，カメラを向けたところに，ミカがやってきた。
「おはよー」
「やあ，おはよう」
　いつもなら何か突っ込みを入れてくるのだが，それもなく，
「先生，ちょっと聞いて。腹立つことがあるねん」と，ふくれっつらになって言い出した。
「何があったん？」と聞くと，ミカはカバンからプリントを取り出した。数学のプリントだ。1年生の復習と書いてある。
「あんな。ここ見て」
　ミカが指さす先には次のような問題があった。

定価 a 円の品物が 20 ％ OFF で売られている。この売値を文字を使って表せ。

「これって，割合の問題やんか」

「ああ，そうやな」

「うち，一生懸命に考えたんやで」

「そうか」

「あんな，a 円から a 円の 0.2 倍した金額を引くんやろ？」

「そうや」

「だから，$(a - 0.2a)$ 円やんか」

「うん，なるほど」

「ところが × なんや」

「へえ」

「正解は 0.8a 円なんや。先生，この 0.8って，どっから来たん？」と真顔になって怒っている。

「じゃあ，今日は物の売り買いの中で現れる割合の問題をやろうか」

● **問題** ●　定価 2000 円のサンダルが，定価の 20 ％引きで売られています。何円になりますか？

「2000 円のものが 2000 円の 0.2 倍した額だけ安くなるんやろ？　ということは，2000円 － 2000円 × 0.2 で 1600 円や」

「すばらしい。その通りや」

「な，これで合ってるやん」

「うん。何の問題もない。でも，2000円 × 0.8 でもええんや」

「2000円 × 0.8 ＝ は 1600 円。あ，一緒や！」

ミカが驚いたように言った。

「謎解きをしようか？」

そう言って，にらめっこ図を描いた。

第Ⅳ部　いろいろな割合の使われ方　● 10 回目の授業　91

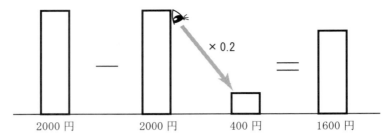

〈ミカの考え 2000円 − 2000円 × 0.2 = 1600円〉

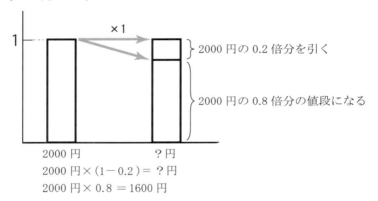

〈2000円 × 0.8〉

2000円 × (1 − 0.2) = ?円
2000円 × 0.8 = 1600円

「ああ，なるほど。0.2倍分を引くから，残りは0.8倍分になるってことか！」

「そのとおり。じつは，こんなふうに割り引いて売ることは昔からあったんや」

「ふうん」

「たとえば〈2割引き〉言うたら〈八掛(はちが)け〉や，みたいな言い方していたんや」

「なに，その〈八掛け〉って？ 聞いたことないで」

「たとえば，魚屋でアジが1匹200円やったとしよう」

「うん，うちはアジ嫌いやけど，ええわ」

「もうちょっと負けてもらいたい。そこで〈おっちゃん，もちょっと負からん

んか？〉と言うと，おっちゃんが〈もうしょうがないな，八掛けでええわ〉と
言う」

「なんや，落語みたいやな」

「さて，八掛け言うたら，なんぼ負けてくれたことになる？」

「ええと，200円の八掛けは 200 × 0.8 で 160 円やだから，40 円おまけや」

「40 円言うたら，何割？」

「あ，2 割引きや」

「そうやねん。2 割を計算して元値から 2 割分引くよりも，8 割分になるから
元値の 0.8 倍するほうが，計算が一発で終わるやろ？」

「ああ，ほんまや。そのほうが速いし，八掛け言うてもらうほうが気持ちえ
えな」

「いまでも八掛けで売るとか，六掛けで売るという言い方を商売人はしてる
で」

「そうなんや。ええこと聞いたわ。ところで，やっぱり 0.8a でないとあかん
のかな？」

「そうやな，数学で言うと $a - 0.2a = 0.8a$ なんや。たぶん数学の授業では，
その理由を先生が言ってると思うけれどな」

「ミカ，最近，数学の授業受けてないもんな」

「そうやな。ちょっと不利やな」

「でもな，数学の吉田，嫌いやねん」（子どもたちは，嫌いな教師はかげで呼
びすてにする）

「ほほう。どうして？」

「基本，わかる子しか相手にしてないねん。うちらみたいな落ちこぼれは相
手してくれんのや」

「そんなことないやろ」

「勉強は自分で努力せんと身につかんのやって」

「ふうん。そんなこと言うんや。でも，それにも一理あるよな」

「でもな，うちらわからんから学校に行ってんやで。わからんかったら，も
っと教えなあかんのとちがう？」

第IV部　いろいろな割合の使われ方　●10回目の授業　93

「たしかに。そのとおりや」

「ああ，思い出しただけで腹が立ってきた」

「困ったもんやな」と言っていると，ミカが，

「もうええねん。うちはここで算数・数学をやるから，ええんや」

「ええ？　学校行って勉強したらええんとちがう？」

「いや，ここでやるからな。先生，ちゃんと教えてや」

いやはや，困ったもんだ，と頭を掻いていると，

「先生，次の問題，出してや」と急かしてくる。

● 問題 ●　500 円の弁当が 3 割引で売られています。いくらでしょう？

「簡単や。500 円の七掛けやから，500円 × 0.7 = 350円 や」

「正解」

● 問題 ●　5 万円の PC が 10 ％ OFF だそうです。いくらでしょう？

「そんなに簡単でええの？」

「ええよ」

「5 万円 × 0.9 = 45000 円や」

「正解」

● 問題 ●　800 円の弁当が 560 円で売られています。何割引になったの
でしょう？

「これはちょっとむずかしいかな？」

「800 円が 560 円になったということは，$800 \times X = 560$ ということや」

「だから，560 を 800 で割ると，倍がわかるはず」

「560 ÷ 800 は 0.7 倍や」

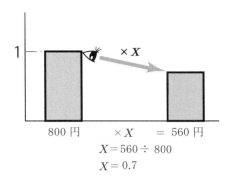

「わかったで。7割引や」
「ええ？　7割引いうたら，えらい値引きやな」
「ほんとや。7割も引いてない」
「7割分の大きさになったということやから……」
「あ，3割引や」
「正解」

● **問題** ●　お弁当が2割引で480円で売られています。割引前の値段はいくらだったのでしょう？

「なになに？　2割引いた値段が480円？　2割引というたら八掛けやんか。つまり，基の値段の八掛けが480円ということや」

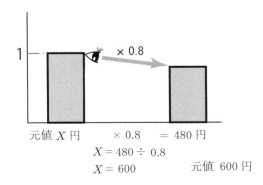

「すごい，ミカちゃん，全問正解や。この問題，けっこうむずかしいんやで」
「まあ，ミカが本気出したら，こんなもんや」
「さあ，今日の勉強はここまでにしとこう」
「ええ？　もっとやりたい」
「でも，もう時間がない。また次回やろう」
「先生，明日も来るで」
「そういや，毎日来るって，さっき言いよったな」
「そうや，決めたんや。毎日来るから」
「ほんまに来るんかいな」
「来るで」
　ミカは一方的に宣言すると，大急ぎで学校に向かった。

11回目の授業

割増し
ミカの嫌いな問題（続）

● 仕入れ値の2倍の利益を付けると，売値は仕入れ値の3倍

　そんなわけで，次の日の朝にもミカはやってきた。なんと，自転車で8時半にやってきたのだ。

「ええ，ほんまに来たんかいな。まだ9時前やで」

「うん。ミカな，これから毎日1時間目と2時間目の時間だけ，ここで算数・数学の勉強をするねん」

「それで，どうするの？」

「3時間目からの授業に出ようと思ってる」

「そうか。それはいいことだ。けど，先生の都合も聞いてほしいな」

「先生はどうせ暇やんか」と言われ，ぐうの音も出ない。

「そうか。そうするか！」

「うん」

にっこりと笑われると，言い返せなくなる。

「今日は何するん？」

「今日の問題，出すよ」

● 問題 ●　8000円で仕入れたセーターを12000円で売ります。売値は仕

第Ⅳ部　いろいろな割合の使われ方　● 11回目の授業　97

入れ値の何倍になっていますか？

「仕入れとか売値って，なんやの？」

「商売って，みんなが欲しがる品物を買い入れて，それを欲しい人に売ることやろ？」

「へえ，そうなんや」

「たとえば，ミカちゃんが指輪が欲しいと思う。どこに買いに行く？」

「宝石屋さんや」

「その宝石屋さんは，自分で宝石を掘ってきて指輪にして売っているのかな？」

「そら，指輪を作っているところから買ってきてると思う」

「な，そうやろ？　いちいち自分で作ってたら大変や。世界中から指輪を買い集めてきているんや。その商品の買い入れを〈仕入れ〉と言うんや」

「ああ，なるほど。そしたら〈売値〉は，その商品を客に売るときの値段のことや」

「そうそう。じゃあ，1万円で仕入れた指輪があったとしよう。売値はいくら付ける？」

「2万ぐらいかな？」

「もっとやと思うよ。たとえば5万円ぐらいとか……」

「ええ？　そんなに？」

「仕入れた商品がすぐに間違いなく売れるんやったらええけど，そんなに売れるわけないやん。だから，長いこと持っとかなあかんかったりするやろ。これを〈在庫〉と言うんや。それに宝石屋さんは従業員に給料も払わなあかんし，店の借り賃も払わなあかんし，いろいろ経費が掛かるねん」

「なるほど，そんな経費も考えて売値が決まるんや」

「まあ，1万円で仕入れた商品が5万円で売れたとする。儲けは4万円や」

「儲けのことを〈利益〉と言うんやろ？」

「そうや。よう知っとるな」

「うちのばあちゃんも商売してるからな」

「へえ，どんな商売？」

「なんや，バブルのころの衣装や小物を集めて，それをネットで売っているらしいで」

「へえ，やるやん」

「けっこう儲かっているらしいで」

「ほお，先生もやろうか？」

「あかん。先生は商売に向いてないわ。だいたい，この塾かって無料やろ。もっとしっかり金とらな」とミカに説教される。

「ああ，あかん。あかん。問題忘れよった。8000円で仕入れた品物を12000円で売ってるんや。売値は仕入れ値の何倍？」

「めちゃ，簡単やんか。8000円 × X = 12000円 やから，12000円 ÷ 8000円で1.5倍や」

「すごい。もう図なしで行けるんやな」

「まかしとって」とミカが喜ぶ。

「儲けはなんぼ？」

「12000円 − 8000円 やから4000円や」

「4000円言うたら，8000円の何倍？」

「0.5倍やな」

「つまり，仕入れ値の50％の利益を見込んで売値を決めているわけや」

「なんや，そのややこしい言い方」

「そんな言い方をするんや。ほな，問題出すで」

● **問題** ●　ミカのばあちゃんはバブル時代の超ド派手スーツを2万円で仕入れました。売値は仕入れ値の2倍の利益を上乗せします。売値はいくらでしょう？

「えーと，仕入れ値の2倍やから4万やない？」

「よく読んでみて」

「うん。〈上乗せ〉って何や？」

第Ⅳ部　いろいろな割合の使われ方　● 11回目の授業　99

「仕入れ値に利益を乗っけることや」
「ああ、そうか、わかった」
そう言うと、ミカは図を描いた。

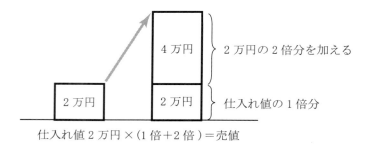

「仕入れ値を1倍でカウントしてないと間違うんやな」
「そうやで、意外にこのあたりがむずかしいんやねん」
「それで、いままで、1倍が大事言うていたんか？」

● 問題 ●　ミカのばあちゃんはバブル時代の芭蕉扇（ばしょうせん）のような扇を5000円で仕入れました。売値は仕入れ値の80％の利益を上乗せするそうです。売値はいくら？

「仕入れ値5000円に5000円の0.8倍を足すんやから……。売値は仕入れ値の1.8倍になるはずや。5000円×1.8＝9000円や」
「正解」
「それにしても、ばあちゃん、けったいな物たくさん持っとるで。クジャクの羽みたいな扇とか、キンキラの鎖みたいなやつとか、超ミニのスカートとか、わけわからんで」
「へえ、ばあちゃん、そんなのを身に着けて踊ってた時代があったんや」
「先生は、そんなんせんかったんか？」
「先生のときはヒッピーが流行っていたな」
「何やねん、ヒッピーって？」

「そうやな，今ふうに言うと，世界を放浪するフリーターかな」
「ふう〜ん，おもしろそうやな」
「でも，まじめに働いたほうがいいと思うけどな。さあ，問題をやろう」

●**問題**● ミカちゃんは10000円のバッシュ（バスケットボール・シューズ）を買いました。消費税込みの価格はいくらになりますか？

「先生，いまどき，消費税の計算なんかせんよ」
「ええ，そう？」
「はじめっから税込み価格やで」
「そうなんや。あれはな，消費税がいくらかって考えさせないようにしてるんや」
「どういうこと？」
「支払いするたびに，〈消費税をこんなに払っているんや〉と考えたら腹立つやろ？」
「ふうん，ようわからんけど，1万円に1万円の0.08倍の消費税が乗っかるんやから……」

そう言いながら，ミカは図を描き，式を作り，さっさと答えを出した。

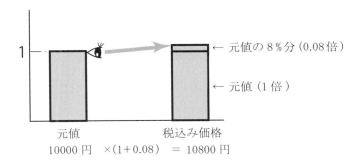

「へえ，1万円買ったら800円の税金を払てるんや。800円いうたら，ランチが食べられるで」

ミカは怒った口調で言った。

第Ⅳ部　いろいろな割合の使われ方　●11回目の授業　101

「な，はじめから 10800 円いうたら，そんなもんかで納得するけど，消費税分を考えたら〈なんでやねん〉と思うやろ？」
「うん。腹立つ」
「そのうちに 10％になるらしいで」
「ええ？ 10％になるの？ うち払わんで！」と叫んだ。
「さて，もう１つ問題やろうか」

●問題● ミカちゃんは消費税込みの価格 13500 円のバッシュを買いました。税抜きの価格（元値）はいくらになりますか？

「ええと，消費税って 8％やったよな」
「そうや」
「ということは，基の値段に消費税 8％分が上乗せになって 13500 円や。つまり，元値の 1.08 倍が 13500 円ということや。……あ，これ，基の値段を求める問題や」

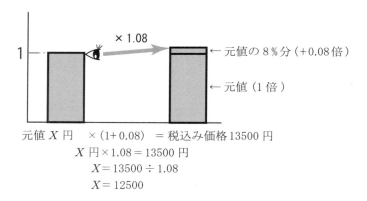

「できたー！ ミカな，この〈1〉がわからんかってん。でも，いまよくわかったわ」
「それにしてもすごいな。解けたな」
「まあな。これがミカの実力や」と自慢する。

それにしても，ミカの学力がどんどん伸びてきているのに驚かされる。あれだけ「いや」と言っていた割引や割増しの問題が，すらすら解けているのだ。
「さてと。次の問題が，本日最後の問題や。全国の小学生のうち13％しか解けなかった問題やで。できるかな？」
「ふうん。13％しかできんかったん？」
「うそみたいやけど，本当の話や」

● **問題** ●　ミカちゃんはスーパーに台所洗剤を買いに行きました。いつも使っている洗剤が，なんと，内容量20％アップして480 mLになって売られているではありませんか。いったい増量する前は何mLだったのでしょう？

「なんや，これも基の量を求める問題やんか。なになに，20％アップして480 mLになったってか」

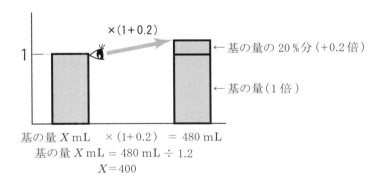

「これでどうや」
「すごい。大正解！　おめでとう」
「なんや，たいしたことないな」
「ミカちゃん，もう割合ばっちりやな」
　そう言うと，ミカはにこっとして，3時間目からの授業を受けるために帰って行った。学校への完全復帰も目前になってきたようだ。

12回目の授業

倍の倍
ただになんか,ならない

● 70%OFFの商品をさらに
　30%OFFにすると,ただになる?

　次の日,ミカは本当に来るのだろうか,と思いながらストーブに当たっていると,どやどやとミカがやってきた。

　相変わらず大きなバッグにいっぱい教科書やらワークブックを詰め込んでいる。持たしてもらうと5kgはありそうな重さだ。中学校は体力向上運動でもやっているのか？　自転車の子はまだ荷台にくくりつけられるが,歩きの子はかなりの負担であるにちがいない。

「おはよー」

「ああ,おはよう」

「先生,ちょっと聞いて」

　相変わらず,同じ台詞で問いかけてくる。

「今回は何？」

「あのな」と言うなり,バッグのポケットから1枚の広告を取り出した。それはある百貨店の〈閉店セール〉の広告だった。ミカはその広告の中の指輪を指さし,

「ここ,ちょっと見て」と言う。

　見ると,そこには〈30万円のダイヤの指輪が70％OFF。さらに30％OFF〉という広告文があった。

「えらく安くなるんやな」

「そうやろ。でもな，光太が〈これ，ただになるんとちがうか？〉って言うんや」

「ほう。ただになるってか。ミカちゃんはどう思うの？」

「そんなあほな。ただにしたら，商売にならんやんか」

「なるほど」

「でも，光太が〈70％OFFと30％OFF足したら100％OFFだから，ただやろ〉と言うんや」

「ああ，足したんや」

「そしたら，チエちゃんも，〈ただや，ただや〉と言いだしたんや。ミカは違うと言うたんやで。そしたら，〈なら，なんぼになるんや？〉と光太とチエちゃんが言うてくるねん。先生，いったいなんぼになるん？」

「ただになったらええな」と言うと，

「ただになったら，もうパニックやで」と，ミカが真顔になって言う。

「そのとおりやな」

「な，あり得へんやろ」

「そうや。では，なんぼになるのかを考えてみよか？」

「先生，わかっとんやろ。さっさと言うて」

「いや，イヤ。おもしろい問題やから，解いてみようか」

「めんどくさいな」とふくれる。

「答えを聞くより，考えたほうがええで」

そう言って，手近にあったテープを持ってミカに聞いた。

「ミカちゃん。このテープを50％OFFにしてくれる？」

「なんや，テープの50％OFFって？」

「ほら，半分にして半分は捨てると言うことや」

ミカはふくれっつらをしながら，

「はいはい」と言うと，半分に切り取り，残りをゴミ箱に捨てた。

「できたな。よし，今度はそのテープをまた50％OFFしてくれる？」

「またかいな。はいはい」

まだふくれながら，半分にして残りを捨てた。
「どうや？」
「どうやって，何が？」
「テープ，なくなった？」
そう聞くと，ミカは残ったテープを食い入るように見た。
「ああ，わかった。半分の半分にしたんや」
そう言いながらテープを並べた。

「絶対0にはならない。つまり，ただにはならんと言うことや」
「わかった，先生」
そう言うと，ミカはノートに次のような図を描いた。

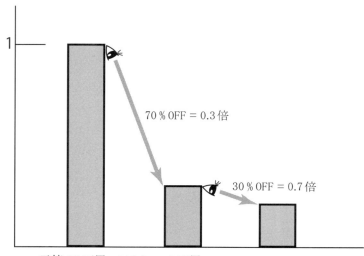

「すばらしい。そのとおりや。ばっちりできたやん」

「まあな」と，ミカがうれしそうに言う。

「ついでやから，1つの式にできない？」

「えーと，30万 × 0.3 × 0.7 かな？」と不安そうに言う。

「電卓で計算してみ」

「ああ，6万3千円や。そうか，倍 × 倍 ＝ 倍なんや」

「そうやな。2倍の3倍は6倍やな」

「へえ，賢なったわ。やっぱ，ここに来てたら賢なる気がする」

「じゃあ，もう1問やろうか？」

「やるやる」

「今度は割引ではないで」

「大丈夫」

● **問題** ●　チエちゃんは銀行から100万円を借りました。金利は年利10％です。1年後に返すとき，いくら払わないといけないでしょうか？

「なんや，簡単や。100万円 × (1 ＋ 0.1) ＝ 110万円やろ？」

「そのとおり。年利10％の利子って，高いやろ？」

「ほんまやな，預金利子って雀の涙もないのにな」

「ほんまに腹立つな」

● **問題** ●　ところが，チエちゃんは1年後に払えなくて，5年後にやっと払いました。さて，チエちゃんはいくら銀行に払ったのでしょうか？

「そりゃ，1年ごとに10万円の利子を払わないといけないのだから，5年間で50万円。ということは，基の100万円と利子50万円で，150万円払わないといけないのでは？」

「な，そう思うやろ。ところが，これがちがうんや」

「何がちがうん？」

第Ⅳ部　いろいろな割合の使われ方　● 12回目の授業　107

「銀行さんは1年目に110万払ってくれなかったので，次の2年目はチエちゃんの借金は110万円と考えるんや」

「ええ？　借金が増えるんや」

「そう。それで，110万円に10％の利子を掛けるんや」

「ということは，110万円 × 1.1 ということ？」

「そうなんや」

「ちょっと電卓貸して。ええと，121万円や，まあ，たいしたことないがな」

「そう思うやろ？　もう1回電卓で100万円 × 1.1 × 1.1 × 1.1 × 1.1 × 1.1 をやってみ」

ミカは何のことかわからないまま，電卓を押した。

「ええ？　160万円以上になるやんか」

ミカは目を丸くして言った。

「ミカちゃんは中学生やから，$100万 \times (1 + 0.1)^5$ という式の意味，わかるやろ？」

「うん，わかるで」

「じゃあ，もしチエちゃんが10年間払わなかったら，10年後に払わないといけない金額を表す式はどうなる？」

「まかしといて。$100万円 \times (1 + 0.1)^{10}$ や」

「もう1回，電卓でやってみて」

ミカは回数を記録しながら電卓を押した。10回押し終わって，ミカの表情が曇った。

「ええ？　うそやろ。これ，電卓が狂ってるで」ミカが叫んだ。

「なんぼになった？」

「約260万円」

「合っていると思うよ。1.1倍を10回繰り返すと，2.6倍になるんや」

「怖い」

「怖いやろ。こんな利子の計算を〈複利〉と言うんや」

「どんな借金しても複利なん？」

「そうや」

108

「ばあちゃんが，借金はせんほうがいい言うてたのは，このことか」

「そうやな」

「ああ，びっくりした。でも，これで光太とチエちゃんに説明できるわ。ありがとう」

ミカにお礼を言われるのは 2 回目だ。

「ほんだら，先生，またな」

そう言うやいなや，ミカは自転車にまたがり，学校に向かった。梅の枝にメジロとスズメが群れている。もう春だ。

13回目の授業

濃度の問題
中学校理科の問題だけど……
● 砂糖水や食塩水の比的率

　次の日もミカは自転車でやってきた。幸いこのあたりは中学生がいないので，わりに平気な顔をしてやってくる。

　とにもかくにも毎日やってくるということは，毎日学校に行けるようになっているわけで，望ましい状態になりつつあるということだ。

　できればもうここに寄らずに，まっすぐ学校に行ってもらいたいものだが……。

「おはよー」

「やあ，来たか」

「来たで。先生，今日も聞いてもらいたいことがあるんや。じつは，理科のおさむちゃんがな，〈質量％〉のとこ勉強しとけ言うんや」

「ほう。それで？」

「教科書見たけれど，溶質がどうした，溶媒がどうしたとか，わけがわからんのや」

「ああ，そうやな。なんか，わけわからんよな。よおし，部屋に入って実験しようか」

「実験って，できるの？」

「ああ，簡単やで」

ということで，電子秤の上にガラスコップを置き，重さを0にした。次に180gになるまで水を入れた。そこに20gの砂糖を入れ，200gの砂糖水を作った。
「さて，砂糖水が200gできたよな」
「うん」
「砂糖は何g入っている？」
「20gやろ？」
「そうそう。砂糖水200gに対して砂糖は20gや。砂糖は砂糖水全体に対して何倍になっているかな？」
「ああ，これ，あれや。全体に対する部分の割合や」
「ピンポン！」
「なんや，そういうことか。なんでこんな簡単なことをややこしく言うのかな？」
「なんて書いてあった？」
「たしか，〈質量％＝溶質÷溶液〉いうて書いてあった」
「そら，何のことかわからんな。ミカちゃん，さっきの砂糖水の問題，図に描いてみてくれる？」
「ええよ」

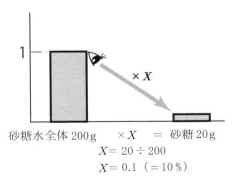

「わかった。10％や」
「ちょっとむずかしく言うと，水溶液全体の中に占める溶質（砂糖）の割合

が10％ということや。これを〈10％砂糖水〉と言うんや」
「なんや，簡単やんか」

● **問題** ● 食塩水が300gあります。その中には食塩が15g溶け込んでいます。この食塩水は何％食塩水だと言えますか？

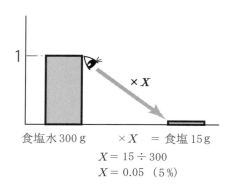

食塩水300g　　×X　= 食塩15g
$X = 15 \div 300$
$X = 0.05$ （5％）

「5％食塩水や」
「正解」

● **問題** ● 8％食塩水が400gあります。この食塩水に溶け込んでいる食塩の量は何g？

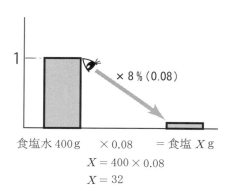

食塩水400g　×0.08　= 食塩 X g
$X = 400 \times 0.08$
$X = 32$

「32 g や」
「正解」

> ● **問題** ●　6％食塩水が何 g かあります。この食塩水に溶け込んでいる食塩の量は 48 g です。食塩水の量は何 g ？

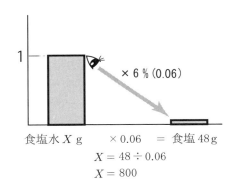

「ええい，これでどうだ，800 g」
「おめでとう」
「それにしても先生，今日はハイペースやな」
「そやろ。次の問題がむずかしいので，ちょっと急いだんや」
「何やの？　そのむずい問題ちゅうのは？」
「とりあえず問題を言うで」

> ● **問題** ●　5％食塩水 200 g と 8％食塩水 400 g を混ぜると，何％食塩水ができるでしょう？

「はあ，こんなのわかるわけないやん」
「いや，解けるんや」
「ええ？　ほんまに？」
「中学校入試では普通に出る問題や。ヒント出そか？」

第Ⅳ部　いろいろな割合の使われ方　● 13 回目の授業　113

「待った，できるかもしれん。ちょっと黙っといてや」
そう言うと，ミカは図を描いた。

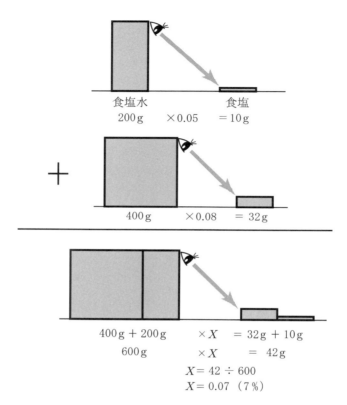

「やったー！　これでどうだ！」
「すごい。やっぱりミカちゃん，賢いわ」
そう言うと，ミカはニコニコしながら，
「私立中学校の問題もさほどむずかしくないな」と言った。
「いや，そうでもないで。大人でも解けないような問題がいっぱいあるんが私立中学校の入試問題や」
「先生でもむずいの？」
「ときどき解けないのがあるよ」
「先生，明日それやろう」

「ええ？　もうええんとちがう？」
「先生やろ？　生徒が言うこと聞かな」
　ミカはそう言うと，中学校に向かって自転車をこぎだした。

比・比例式・比例配分
ミカ，比の問題を解く
● ドレッシングから比を学ぶ

　今朝はとくに暖かく，分校の周りの田んぼに植えられていた菜の花が一斉に黄色い花をつけ始めている。菜の花のほんわかとしたにおいがあたり一面に立ち込めている。そんなところへ，ミカが自転車で息せき切ってやってきた。
「おはよー」
「ああ，おはよう」
「先生，何しよん？」
「いやあ，いい天気やなと思って外にいるんや」
「さあ，教室に入って勉強するで」と急かしてくる。どっちが先生かわからなくなりそうだ。
　教室に入るなり，ミカが何やらメモ帳を取り出した。それを見ながらミカが，
「先生，比って割合なん？」
「ええ？　どうした，急に？」
「ミカな，昨日，部活の帰りに本屋に寄ったんや。そしたら中学入試文章問題集いう本があったんや」
「ほう，それを買ったんかいな」
「なんでやねん。もったいないやろ。割合の文章問題のとこ，いくつかメモしてきたんや」

「さすがやな」

「ちがうねん。うちは貧乏なんや。だからスマホも持ってないんやんか」と，ミカはちょっと複雑な表情で言った。

「そうか，そんな事情があるんや」

「でもミカ，負けへんからな」

「そうか，がんばれ」

「うん」

「で，どんな問題や？」そう聞くと，ミカがメモを見せてくれた。

● **問題** ● 1500円をAさんとBさんが2:3の割合で分けると，Aさんの金額はいくら？

「ほら，〈2:3の割合で〉って書いてあるやろ」

「そうやな，〈2:3の割合で分ける〉と言うてるな」

「そうやねん。でも，倍はどこにもないで」

なかなか鋭い質問を投げかけてくる。そこで，

「比って，よく料理で使うんや。たとえばドレッシングを作るとき，〈油2に対してお酢3の割合で混ぜる〉言うやん」

「ああ，使う」

「これは倍で言うと，〈油1に対してお酢はその1.5倍〉言うのと同じ意味や」

ミカの前で絵に描いて示した。

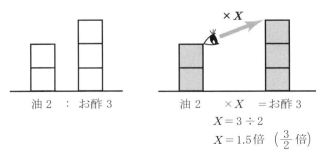

第Ⅳ部　いろいろな割合の使われ方　● 14回目の授業

「ああ，なるほど，そういうことか」

「でもな，いちいちお酢は油の1.5倍いうのを計算して入れたりせんやろ」

「そう言えば，ばあちゃんは油おおさじ2杯に対してお酢はおおさじ3杯や言うて，カップに入れて混ぜてる」

「そうなんや。そっちのほうが絶対便利なんや」

「混ぜる割合を，倍ではなくて，数の組み合わせで言うのやな」

「そういうことや。ミカちゃん，めちゃ冴えてるな」

「もともとや」そう言って2人で大笑いした。

「ところで，この比の問題，解けるかな？」

「たぶん解けると思うで。ええと，1500円を2：3で分けるんやろ？」

「1500円を分けやすいようにせんといかんよな」

「先生，1500円を百円玉で持っとる？」と言ってきた。

　幸い小銭はたくさんあるので，すぐに用意できた。ミカは百円玉15枚を300円ずつの塊5個にした。

「OK，これで2：3に分けられる。Aの取り分は1500円を5等分した2つ分や。だから600円」

「じゃあ，Bは？」

「5等分した3つ分やから900円。できたー」

「すばらしい。にらめっこ図に描いておくよ」

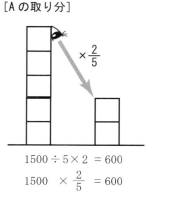

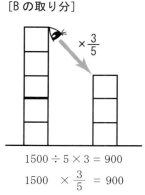

「5 で割って 2 つ分の大きさにすることを，$\frac{2}{5}$ 倍って言うんや」

「あ，それって分数倍のことや」

「ほう，知っていたんや」

「あのな，小数倍はわからんかったけど，分数倍はわかったんや」

「そうやな。0.3 倍より，10 に分けた 3 つ分のほうがイメージできるもんな」

「そう。たぶんそれでわかったんやと思う」

ミカがうれしそうに言った。

「あ，もう 1 つ，比の問題でわからんのがあったんや」

そう言うと，ミカはメモ帳を見せた。

● **問題** ●　油とお酢を 2：3 の割合で混ぜます。お酢が 45 g のとき，油は何 g にすればいいですか？

「これって，油 30 g にしたらええやろ？」

「うん。そうやけど，どうやったの？」

「そんなん簡単やんか。お酢は 3 が 45 になるんやから 15 倍や」

「ほほう」

「だから油も，2 を 15 倍したら 30 になるやんか」

「そのとおりや。いったい何がわからんの？」

「あんな，答えを確かめよう思って解答見たら，

　$2：3 = \square：45,\quad 3 \times \square = 2 \times 45,\quad 3 \times \square = 90,\quad \square = 90 \div 3,\quad \square = 30$

こんなことを書いてあるんや」

「ああ，これ〈比例式〉って言うんや」

「何なん？　その比例式って？」

「2：3 と $\square$：45 は同じ割合だから，2：3 = $\square$：45 という式が作れるんや」

「ふうん」

「わかる？」

「うん，大丈夫」

第Ⅳ部　いろいろな割合の使われ方　● 14 回目の授業　119

「この式を利用して，ミカちゃんのやった方法を書くと次のようになる」

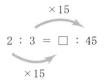

「そうそう。ミカはそう考えたんや」
「比例式ってのは，昔のアラビアの商人たちが発見した方法なんや」
「どんなにするの？」
「たとえば3：2＝6：4で説明するで」

$$\overbrace{3 : 2 = 6 : 4}^{3 \times 4 = 12}$$
$$\underbrace{3 : 2 = 6 : 4}_{2 \times 6 = 12}$$

「ほら，等式の外側に来る数を掛けると12になるよね」
「うん」
「等式の内側に来る数を掛けても12になるよね」
「ああ，ほんまや，一緒になる」
「比例式では，内項の積と外項の積が一緒になるんや」
「へえ，誰が見つけたの？」
「それは分からんけれど，どうもこれは間違いないということで，この性質を使って，比例式の未知数を求める方法が発見されたらしい。だから，

$$\overbrace{2 : 3 = \square : 45}^{2 \times 45 = 90}$$
$$\underbrace{}_{3 \times \square = 90}$$
$$\square = 90 \div 3 \quad \square = 30$$

となるわけ」

「なるほど，これが比例式か！」

ミカが感心して言った。

「ちなみに，さっき 1500 円を 2：3 に分ける問題やったやろ。あの問題のことを〈比例配分〉の問題って言うんや」

「へえ，そうやったんや。でも，かなりすっきりした。さて，学校へ行くわ」

ミカはそう言うと，慌てて出て行った。

解　説　●いろいろな割合の使われ方

■ 10 回目の授業──割引

　この物語のはじめにミカが言っていたように，割合の苦手な子のほとんどが，この割引の問題が解けません。

　たとえば，「ある商品の売値が 20 ％ OFF されたとき，売値はいくらになるのか」という問いに，

$$a\text{円} - a\text{円} \times 0.2$$

という計算で答えを出せるわけで，それ自体，何の誤りもありません。

　ところが，これは

$$a\text{円} \times 0.8$$

でいいのだと言われたとき，驚くのです。

　その理由は，子どもたちが〈1 倍〉という関係を理解していないことによります。たとえば Yahoo! の質問箱などを見ると，

　　「1 万円の 3 割引の計算式が〈1 万円 × (1 − 0.3)〉となることの意味がさっぱり分からない。いったいこの 1 はどこからやってきたのか，教えてほしい」

といった質問が，けっこうな頻度で掲載されています。

　ポイントは，値引き後の値段が定価の 1 倍より小さくなること，たとえば 3 割引は

$$1\text{倍} - 0.3\text{倍} = 0.7\text{倍}　(7\text{割})$$

122

の大きさになることを，しっかり押さえる以外にありません。

　昔は「3割引 = 七掛け」などということが一般的に言われていましたが，最近は聞かなくなりました。3割を引くのだから7割の大きさになるとか，20％引くのだから80％の大きさになることを，図を描きながら実感してもらうことが必要です。

■ 11回目の授業——割増し

　割合の最後の難関が「割増し」問題です。

　とくに割増しの第3用法の問題はかなり出来が悪くて，平成27年（2015年）度全国学力調査算数Bに出た問題（20％増量で480 mL。基の量は何mL？）の全国平均正答率は13％という有様でした。

　どうしてこんなに理解が悪いのかというと，〈割増しすることで量が大きくなっている〉ということが，しっかりイメージできていないからだと思います。

　割増しによって〈増えた〉というイメージが思い描けると，基の量に対して何倍分の大きさになったかを考えることができます。基の量の1倍に20％分（= 0.2倍）が上乗せになっている，というイメージを作図によって身につけることが必要です。

［にらめっこ図の威力］

　にらめっこ図は，割引・割増しの問題でとくに威力を発揮します。

［割増し］

　20％増量は基の量の1.2倍になる。

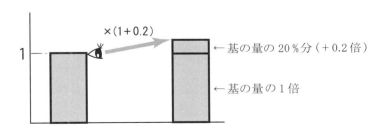

[**割引**]

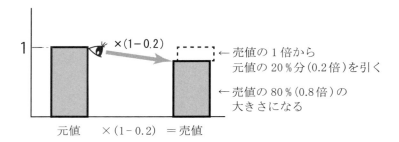

■ 12回目の授業――倍の倍

　ミカの友達が，ある値段の 70 % OFF のさらに 30 % OFF が 0 円になる，と言っています。何となくやってしまいがちな間違いですが，帯グラフのイメージで考えているのかもしれません。帯グラフでは，%どうしを足したりするからです。

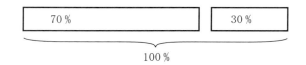

　ここで扱っている〈倍の倍〉は，4 年生で出てくる教科書もあります。しかし，あまり発展性はありません。知っておくに越したことはない，という程度です。

　でも，倍の倍にかこつけて，ここではミカちゃんに複利計算のしくみを教えています。戦前の古い教科書では，複利計算のしくみをしっかり教えていました。お金の貸し借りをする上では知っておかなければいけない事柄です。

　いまは，このようなしくみを教えないままにしているために，カード破産をする若者が後を絶ちません。最近は「リボ払い」とかいう高利貸しが横行していて，破産する人が増えているそうです。

　リボ払いは，毎月定額を払うしくみですが，根本は複利で，15 % ぐらいの利息を取られています。支払い年限が長くなればなるほど利息が膨らむのだと

いうことを，しっかりと教えなくてはいけないと思います。

■ 13 回目の授業──濃度

「濃度」の問題は，小学校の算数の領域には入っていません。中学校の数学にもなく，あるのは中学校の理科です。そこで少しばかり「質量％」の求め方をやる程度です。

そもそも，濃度は基本的に「量」の問題であって，割合とは一線を画すべきなのですが，溶液全体と溶液の中に溶け込んでいる溶質を比的にとらえて，割合で濃さを表現することがあります。これが「質量％」と言われる濃度です。

溶質の重さ ÷ 溶液の重さ

で割合が求められます。早い話が〈分布の倍：全体に対する部分の割合〉です。

ミカが最後に解いたようなちょっとひねくれた問題は，主に私立中学校の入試問題として扱われます。いろいろと濃度にかかわる入試問題を見てみる小学生には大変な問題（ほとんどが1次方程式にすると簡単に解ける問題）がたくさん出てきます。濃度を使った難問クイズだと思えばいいと思います。

■ 14 回目の授業──比・比例式・比例配分

明治の初め，「割合」という用語は $\frac{1}{10}$ の率の計算に限って使われていたようです（「歩合」も本来は $\frac{1}{100}$ の率の計算のことを言っていた）。それがだんだんに割合という概念が拡張され，度，率，倍，分布，比までを含むようになったようです。

遠山啓は，度や率の一部は，割合ではなく量（内包量）として扱ったほうがいいという提案をします。その結果，現在の教科書の掛け算・割り算の指導は量の乗除を核にして行われています（ただし文科省は内包量を認めていない）。

さて，比は比であって割合とはちがうのではないか，という考え方もあります。いや，これも割合だ，という考え方もあります。早い話が，割合を広義の意味でとらえると，比も割合だと言え，割合を狭義の意味でとらえると，比

第Ⅳ部　いろいろな割合の使われ方　●解説　125

は比である，ということになります。

　ただ，一般的には比は〈2：3の割合で〉というように，割合ということばとセットで言われることが多く，比も割合であるという言い方が一般化しています。また，かつては「比と比例」というように，比と比例もセットで扱われてきました。

　しかし最近では，比例は量にかかわるものとして（速度や密度など）扱われ，比との関係で比例が扱われることがなくなっています。

　とは言え，ここで取り上げた比例式や比例配分は算数・数学で取り上げられています。とくに比例式による未知数を求める計算は便利なので，相似比などで利用価値があることもあり，中学校では指導されています。

　ここではミカが中学生という状況設定なので，比例式のことに触れています。

第V部

ミカ, 毎朝, 私立中学校の入試問題に挑戦する

「朝練するで」

ミカ，かってに宣言する

　昨日までの好天がうそのように，今朝は明け方から降り出した冷たい雨がしとしと降っている。まだ8時前だというのに，その雨の中をミカがレインコートを着てやってきた。
「おはよー」
　ミカは自転車から荷物を下ろすと，レインコートのフードから滴り落ちる雨をハンカチでぬぐいながら挨拶をした。
「雨やのに自転車で来たんや」と言うと，
「負けへんって決めたからな」と言うではないか。その決意の固さが語尾に込められていた。
「まあ，速く中に入って，ストーブあたりいな」と言うと，ミカも急いでレインコートを脱ぎ，ストーブの前でしゃがみこんだ。
「ああ，ぬく。ええな，ストーブって」
「そうやろ。やっぱり火のそばが落ち着くやろ？」
「うん」
　しばらくすると，ミカが口を開いた。
「先生な，ミカ，学校に行こうと思ってるんや」
「いまでも行ってるやん」

「いや，そうやなくて，朝から行こうと思ってるんや」

「ほほう。それはいいことやな」

「でもな，ここにも来たいんや」

「ここにも来るってか？」

「うん」

「でも無理やろ。放課後はバスケするんやし，土日は試合でつぶれるやろ？」

「そうなんや」

「もうええんと違うかな？　割合のこと，わかったみたいやし」

「でもな，まだ不安やねん」

「どうする？」

「だから，朝練しようと思てる」

「朝練って？」

「学校行く前に 20 分だけ，ここに寄って行くんや」

「ええ？　20 分だけ？」

「そうや。20 分で 1 問ずつ，ややこしい割合問題に挑戦するんや。だから先生，むずい問題，作っといてくれる？」

「そらええけど，本当にそんなことできるか？」

「だって，ここはミカの通学路の途中にあるし，家を 20 分早く出ればできることや」

「そうか，そしたら先生も 7 時半までに着といたらええんやな」

「うん。そのほうが健康にええで」

　なんとも見事な申し出というほかない。幸い私も朝早く目が覚めて困っているので，ミカが納得するまで付き合うことにした。

　この日はそれだけ言うと，ミカは学校に向かった。そして，この日からミカの奇妙な朝練が始まることになる。

面倒な売買損益算

● 朝練1回目の問題 ●

ある日，タケノコが顔をのぞかせていました。次の日は昨日の1.5倍に伸びましたが，その翌日は急に寒くなり，0.9倍に縮み，10.8cmになりました。タケノコは初め何cmあったのでしょう？

「先生，タケノコが縮むっておかしいで？」

ミカが突っ込んでくる。

「そうやな，まあ，縮んだことにしてくれる？」

そう頼むと，

「まあ，そういうことにしとこか」

「ありがとう」

「ええと，これは基の大きさがわからんやつやな。簡単すぎるやん」と言うと，あっという間にミカは問題を解いた。

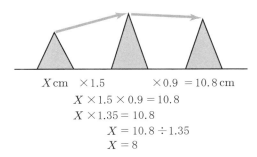

$$X \times 1.5 \times 0.9 = 10.8$$
$$X \times 1.35 = 10.8$$
$$X = 10.8 \div 1.35$$
$$X = 8$$

「これ，簡単すぎるやろ。もう１問出して」
「ええ？ １日１問でなかったっけ？」
「だって，時間余り過ぎやし」
「そうか，そしたらもう１問やろか」

●**問題**● ある商品の仕入れ値に 50 ％の利益を見込んで定価を付けました。しかし売れないので，定価の 20 ％引きで売りました。利益は 2000 円でした。仕入れ値はいくらだったのでしょう？

「あれ，これさっきのタケノコ問題と同じや」
「ちょっと違うやろ」
「そう言や，利益が 2000 円ってなってるな」
「まあ，さっきと同じようにやってみようか」

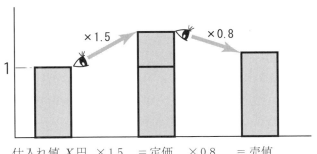

仕入れ値 X 円　×1.5　＝定価　×0.8　＝売値
　　　　仕入れ値 X 円 ×1.5×0.8 ＝ 売値
　　　　仕入れ値 X 円 ×1.2 ＝ 売値

第Ⅴ部　ミカ，私立中学校入試問題に挑戦する　●朝練１日目

「あかん，2000円がどこにも出てこん。先生，どうしたらええんや？」
「もうギブアップか？ X 円が1.2倍になった図，描いてみ？」

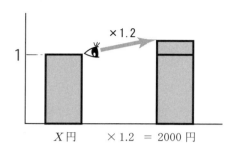

「$X \times 1.2 = 2000$ 円 ではないよな」
「あ，わかった。仕入れ値に乗っかっている部分が利益や」

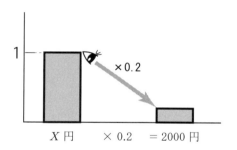

「なるほど。仕入れ値は1万円や」
「ハイ，正解」
「ああ，すっきりした。そしたら行ってきます」

面倒な男女比率の問題

● 問題 ●　ある中学校の男女比は 15：17 で，男女の差は 58 名です。この学校の全生徒数は何人？

「この問題って，比例配分の問題やろ？」
「ピンポン！　ただし，男子と女子の差が 58 人という条件から全体の人数を出すという問題」
「へえ，そんな問題なんや。$\frac{17}{32}$ 倍から $\frac{15}{32}$ 倍って，引いてもええんかな？」
「どうしてそう思う？」
「女子は $\frac{17}{32}X$ で，男子は $\frac{15}{32}X$ やろ？」
「そうや」
「だから，引いたら $\frac{2}{32}X$ になるやん」
「へえ，すごい。そのとおり，引いたらええねん」
「そうか，わかった」
そう言って，にらめっこ図を描きはじめた。

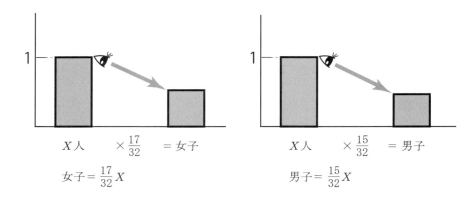

「$\frac{17}{32}X - \frac{15}{32}X = 58$ でできる」

$\frac{17}{32}X$ 人 $- \frac{15}{32}X$ 人 $= 58$ 人

$\frac{2}{32}X$ 人 $= 58$ 人　　X 人 $= 58$ 人 $\div \frac{2}{32}$

X 人 $= 928$ 人

「これでええかな？」
「ええと思うけど，確かめてみて」
「$928 \times \frac{17}{32} - 928 \times \frac{15}{32} = 58$ や」
「合ってたな」
「うん。気持ちいい。じゃあ，行ってきます」

仕事算の問題

● **問題** ● ある仕事を 15 日かかって $\frac{5}{8}$ 終わりました。あと何日で終わるでしょう？

「なんやこの問題，簡単やんか」

「そうか？　どういう問題？」

「だって，仕事にかかる日数はわからないけれど，全体の $\frac{5}{8}$ 終わった時点で 15 日かかっていたんやろ？　ということは，X 日の $\frac{5}{8}$ 倍が 15 日いうことや。基の量を求める問題や」

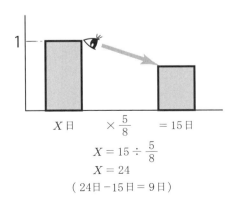

第Ⅴ部　ミカ，私立中学校入試問題に挑戦する　●朝練3日目

「これでどう？」

「ほほう，合っている。すごいな。これ〈仕事算〉言うて，けっこうむずかしいんやけど」

「ええ？　これ簡単やん」

「そうか。そしたらもう１問行っとく？」

「OK。まかしとって」ミカは上機嫌で答える。

●**問題**●　ある本を 80 ページ読みました。読んだページと残りのページの比は 5：9 です。この本のページ数は？

「なになに？　80 ページ読んだところでその 80 ページが $\frac{5}{14}$ ということか。さっきと同じやんか」

そう言うと，図を描いた。

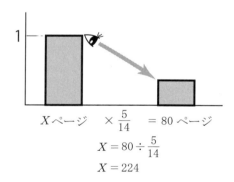

「あかんわ，先生，やさしすぎや」

「ええ？　やさしすぎやってか？」

「うん。明日はもっと頭使う問題にしとってよ」

ミカには，比例配分はもうやさしい問題になってしまったのかもしれない。

「何これ？」と思う比の問題

「おはよー」

「ああ，おはよう」

ミカに合わせて早くから分校に来ているので，ほんとうは眠い。しかし，「もう少しだ」と思いながら相手をしている。

「先生，むずい問題考えてきた？」

「ああ，考えてきたで。むずかしいって泣くなよ」

「あほらしい。なんで泣かなあかんの」と冗談を言い合う。

● 問題 ●　兄と弟が 2 人合計 9000 円持って買い物に行きました。兄が 700 円，弟が 800 円使うと，兄と弟の持っている金額の比が 3：2 になりました。初めに持っていた金額は，それぞれいくらだったでしょう？

「なんや，また比の問題かいな？　なになに？　ええ？　ナニコレ？　むずい！」

「むずいの出せって言ったやろ」

「そりゃ言うたけど，むずすぎやろ」

「いやいや，ミカちゃんやったらできるはずや」

「うんん…………」

ミカはしばらくうなりながら考え込んでいた。そして，

「あ，わかった。これ，2人の合計が7500円になっているところから考えなあかんのや」

「どういうこと？」

「ほら，2人で9000円やったけど，800円と700円使ったんやろ？」

「ああ，そうやな」

「だから9000円－1500円＝7500円が現在の2人の合計や」

「なるほど」

「それでや。7500円の2人の比が3：2というこっちゃ」

ミカが図を描いた。

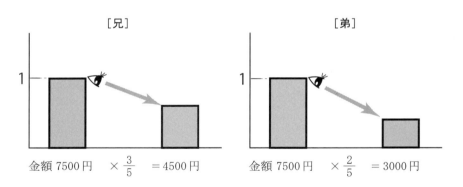

「これでいまの所持金が出るやん。ほんで，兄が700円，弟が800円使ったんやから，もともとは

　　　4500円＋700円＝5200円　　3000円＋800円＝3800円

これでどうだ」

「すごい。正解や。なんでわかったん？」

「だから，何回も言うてるやろ。ミカはもともと賢いんやって」

そう言い残すと，慌てて自転車に飛び乗り，学校に向かった。

それにしても，ミカがにらめっこ図を使いこなして問題が解けるようになったのには驚かされる。

ミカ，連比を求める問題を倍で解く

「おはよー」

「おはよう」

「今日もむずいの出してよ」

「うん。でも，むずいの出せ言うといて，むずいって文句言うのはやめような」

「でもな，〈むずい〉言うて叫んだら，やる気パワーが出るんや」

「ああ，なるほど。気合いを入れてるんか」

「そうや。そんなん言わんでもわかるやろ」

「へ，わかりました」

ミカは絶対，世の中で成功するなと思った。

●問題● AさんとBさんの所持金の比は5：3で，BさんとCさんの所持金の比は2：3で，3人の所持金の合計は1万円です。Bさんの所持金はいくら？

「ええ，ナニコレ？ むずい」

「そう。相当むずいで」

「ほんまに小学生がこんな問題，解けるの？」

「さあ，どうやろ？　でも，私立中学校に行くための塾で解き方を教えてくれるからな」

「私立中学校に行くための塾ってあるの？」

「香川県には私立の中学校がないからわからんけど，都会は私立中学校がけっこうあるんや」

「へえ，私立中学校って学費が高いんやろ？」

「らしいな」

「先生も知らんのかいな」

「ずっと香川県にいるから，わからんのや」

「あかんな。ミカ，絶対，東京に行くで」

「なんで，東京や？　京都もええで」

「東京いうたら，町の中にふつうに芸能人がいるんやろ。それを見てみたいねん」

「そうか。でも，芸能人に出会う確率は低いらしいけどな」

「いや，勉強して東京の大学に行くんや？」

「ええ，そんなことまで考え出したんかいな？　ヤンキーはやめたんかいな」

「うん。やっぱ賢<ruby>賢<rt>かしこ</rt></ruby>ないとあかんと思い出したんや」

「そらまた，なんで？」

「ほら，ここで勉強してたらできだしたやん」

「そうやな」

「ミカな，勉強って面白いなと思い出してん」

「ほお」

「勉強って，手掛かりがあったら，そこからもつれた糸をほどくみたいなもんやとわかったんや」

「ほお」ミカの突然の話に驚く。

「ミカはいままで，ほどくのをめんどがってただけなんやって，わかってん」

「それはすごい」

「な，すごいやろ」

140

ベロをちょろっと出して笑った。そして問題を読み直し，しばらく考え込んだ。そして絵に描いた。

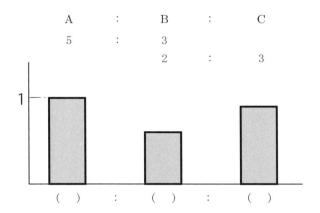

「ううん，また比の問題か。ちょっと待てよ，これ倍の倍で解けるかも」

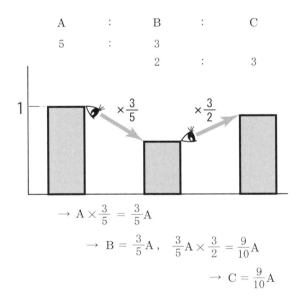

「わかった。C は A を 10 に分けた 9 つ分や。ということは，A：C は 10：9 や」

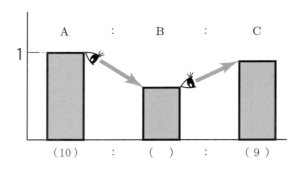

「へえ,そんな解き方があったか?」

「すごいやろ」

「すごすぎや。でも,Bはどうなる?」

「そんなん簡単や。Aが10なんやから,$10 \times \frac{3}{5} = 6$ やんか」

「それでいい? B:Cは2:3やったで?」

「2:3 = 6:9 と同じやんか。だから6でええんや」

「つまり 10:6:9 の比になるということか。なるほど」

「ああ,あかん。3人の合計が1万円やから,Bの持ち金は $1万 \times \frac{6}{25}$ で 2400 円ということや」

「大正解!」

ミカはニコニコしながら中学校に向かった。

私は2と3の公倍数6を出して,等しい比で解くつもりだったのだが,倍の計算で解いてしまったのに驚かされた。

またまた ややこしい 比の問題

　ここ二三日，寒さが続いたが，今日は朝から打って変わって暖かな日差しが降り注いでいる。ヨモギやタンポポが頭をもたげ，山の枯れ木の枝という枝の新芽のふくらみが大きくなり，山が盛り上がり始めた。自然が冬の呪縛から解きほぐされてきているのがよくわかる。

「おはよー」

「おはよう」

　ここにも冬の呪縛（じゅばく）から解きほぐされた少女がいる。ますます元気に生き生きとしてきている。

「先生，はよやろ」

「どうした，何か急ぎでも？」

「いや，はよやりたいんや。入試問題，面白いからな」

「そうか」

● 問題 ●　兄は 2600 円，弟は 1900 円持っていて，2 人で同じ金額を出し合って本を買いました。すると 2 人の所持金の比が 5：3 になりました。本の値段はいくら？

「ええ，ナニコレ？　わからん」
「どれどれ，ああ，むずかしいな，これ」
「できるのかな？　このあいだの問題と似ているけれど……」
「いや，これは比例式で解けるのと違う？」とヒントを出すと，
「ああ，そうか。

$$2600 円 － a 円 : 1900 円 － a 円 ＝ 5 : 3$$

なんや」と，即座に式を作る。
「でも，これ負の数の計算が出てくるで」
「へえ，ミカちゃん，すごい。そのとおりや」
「いくら私立中学校でも，これはいかんやろ」
「負の数の計算や方程式の解き方を知ってる子が受かるシステムやな」
「ひどい」
「なんせ私立中学校やから，ええんや」

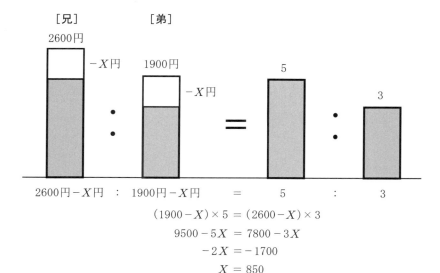

「できるけど，こんな問題ええんかな？」
「まあ，中学校ではけっこう使うから，覚えておいて損はないで」
制限時間が近づいてきた。ミカはそそくさと支度をして中学校に向かった。

朝練7日目

ミカ，ややこしい比の問題を倍で解く

　今日も好い天気。ミカが息せき切って自転車をこいでやってきた。来るなりミカが，

「先生ちょっと聞いて。昨日の問題，比例式以外でも解けたんや」

「ええ，本当？」

　ミカの説明はこうだ。

「あのな，この問題は，本を買った後の2人の合計金額がわからない。だけど，その持ってる金額が5：3になっているということや」

「そうやな」

「ということは，兄の金は $\frac{5}{8}X$ で，弟の金は $\frac{3}{8}X$ や」

「うん，うん」

「さあ，次や。2人のお金の差は700円や」

「ええ，どうしてわかるの？」

「2600円と1900円持ってたんやろ？　だから差は700円やんか」

「でも，本を買ったんやで」

「そら，2人とも同じ値段出したんやろ」

「そうや」

「そうしたら，2人の差は700円のままと違うの？」

第Ⅴ部　ミカ，私立中学校入試問題に挑戦する　●朝練7日目　145

「なるほど，そのとおりや」
いつの間にか，ミカに教わっている。
「な，そしたら次のような式ができるんと違うの？」

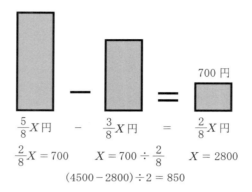

「ほほお，なるほど。差をヒントにして答えを出したんや。すごいな」
「な，すごいやろ。昨日寝ながら問題を考えてたら，思いついたんや」
「へえ，ミカちゃん，ますます冴えてきてるんちゃう？」
「うん，私もそう思う」と，ミカが初めて自分のことを「わたし」と呼んだ。
「あれ，ミカちゃん，いま私って言うたで？」
「うん。これから自分のことをミカ言うの，やめることにしたんや」
「そうか。そのほうがええな」
「もう中学2年生になるからな」と，ミカは少しはにかみながら言った。
「でもな，先生，算数や数学の問題って，解き方はいろいろあるんやな」
「そうそう。いろいろな解き方があるんや。学校では解き方って1つやと思わされてるからな。でも，なんでこんな解き方に気が付いたん？」
「たぶん，できるようになったんは図を描くようになったからやと思う」
「そうか。にらめっこ図って，役に立ってる？」
「うん。めちゃ役に立ってる。図を描いたらほとんどの問題のしくみがわかるんや」
「よかった。役に立っているんや」
ミカはそんなふうに言っているが，割合や比の勉強をするなかで，中学校で

習った方程式や文字式計算のしくみが理解でき，使いこなせるようになってきたことや，問題を読み解く力（わかろうとする力）が付いてきたことが要因だと思う。

　話をしていると20分はあっという間に過ぎ，ミカは中学校に向かった。

ややこしい男女比の問題

今日も晴れ，ミカはいつになく髪をきれいに束ねてやってきた。
「おはよー」
「おはよう。今日は髪の毛，束ねたんや」と言うと，
「今日は中学校は卒業式やで」
「ああ，卒業式なんや」
いつの間にか３月も半ば，もうすぐ年度末なのだ。教員を退職して４年にもなると，学校の行事の記憶が薄れてきている。
「さあ先生，やろう」ミカが急かすので教室に入った。
「今日の問題はどんなん？」

● 問題 ●　Ａさんのクラスの男子は全体の $\frac{1}{2}$ より２人少なく，女子は全体の $\frac{1}{3}$ より７人多いのだそうです。クラスの人数は全部で何人？

「ええ？　なんか簡単そうやで」
「簡単か？」
「だって，昨日のやり方と同じやん。

$$(\tfrac{1}{2}X - 2)人 + (\tfrac{1}{3}X + 7)人 = X人$$

なんやろ？」

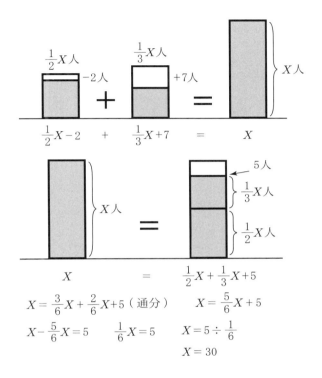

「でもな，先生。私このごろ中学校の数学の解き方がわかってきたからできるんやけれど，こんなの，小学生には無理やろ？」

「そうやな。無理やろな」

「中学受験する子，かわいそう」

そう言い残して，ミカは卒業式の準備があると，急いで出かけた。

朝練9日目

ミカ,ややこしい比の問題を簡単に解く

　朝からラジオが今年の桜の開花予想を盛んに言っている。そう言えば分校の校庭の桜もほころびかけている。もう春やな,と思いながら掃除をしていると,ミカがやってきた。

　ミカはドアを開けるなり,お辞儀をして,

　「先生,おはようございます」と言うではないか。

　「え,ああ,おはよう」と答えたものの,

　「どうしたん？〈おはよう〉に〈ございます〉が付いてるがな」と言うと,ミカが神妙な面持ちで,

　「私,これからイメチェンするんや」と言った。

　「なになに？　どうした？」

　「私な,もともとは真面目やねん」

　「うん,それはわかる」

　「でもな,5・6年生で算数がわからんようになって,ヤンキーの真似を始めたんや」

　「なんでまた」

　「そのほうが,自分が馬鹿やいうのを隠せる思たんや」

　「へえ,そうか」

「だって，勉強ができんのは馬鹿やからではなく，進んで勉強をしてないからやと言い訳できるやろ」

「ああ，なるほどな」

「そこからヤンキーっぽい子らとつるんだんや。でも，その子らとつるんでも全然面白ないねん」

「そうか」

「そのうえ，みんな金づかいが荒いんや」

「それでヤンキーらとも付き合うのやめたんや」

「そう。でもそうなると，今度は誰も相手にしてくれんようになったんや」

「へえ，そうなんや」

「それで学校行かれんようになったんや」

「そうか，そんなことがあったんや」

「うん。でも，もう一回まじめに勉強する」

そう言うと，ミカの目から涙が一筋滴り落ちた。いろいろつらいことがあったんだなと思う。私が黙っていると，ミカが，

「まあ，そういうことでイメチェンするから，驚かんといてな」と言ってきた。

「でも，びっくりやな」と言うと，そのことばを遮るように，

「あのな，先生。昨日の問題やけどな，ちがうやり方を見つけたんや」とミカが言ってきた。

「え？　ちがうやり方って，発見したの？」

「うん。また寝ながら考えてたら，気が付いたんや」

「へえ，ぜひ教えてくれる？」

「まあしょうがないから，教えてあげるわ」

このあたりがミカらしいところだ。

● 問題 ● Aさんのクラスの男子は全体の $\frac{1}{2}$ より2人少なく，女子は全体の $\frac{1}{3}$ より7人多いのだそうです。クラスの人数は全部で何人？

第Ⅴ部　ミカ，私立中学校入試問題に挑戦する　●朝練9日目　151

「あのな，クラスの人数はわからんけれど，男子の人数が全体の $\frac{1}{2}$ より 2 人少ないんやろ」

「ああ，そうやったな」

「ということは，女子の人数って，全体の人数の $\frac{1}{2}$ より 2 人多いってことでない？」

「そらそうだ」

「つまり $\frac{1}{2}X + 2$ やんか」

「うん，そうだね」

「でも，問題では，女子の人数って $\frac{1}{3}X + 7$ って書いてなかった？」

「そう書いていた」

「ということは，

$$\frac{1}{2}X + 2 = \frac{1}{3}X + 7$$

という式にできるのでは……？」

「ああ，なるほど，できる」

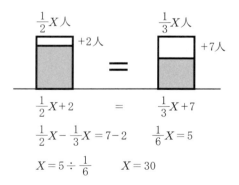

「できるやろ？」

ミカが目を輝かせて言った。

「ほんまや。やっぱミカちゃん，賢いんだあ」

「やった」ほんとうにミカはうれしそうに笑った。「そしたら，あしたまた来るわな」

そう言って，ミカが口をふさいで，
「あしたまたお邪魔します」と言い直して頭を下げた。
「は，は，は。よろしく」と言うと，ミカは学校に向かった。

＊

しかし，ミカと私の勉強はこれが最後の授業になった。じつはその日の夜，ミカから私の携帯に電話があったのだ。
「先生，明日から朝練に行けません」
「ほお，どうした？」
「じつは，ほんとうのバスケの朝練が始まることになったんです」
「ええ？ この時期に？」
「うん」
「そうか，それは仕方ないな」
「先生，ありがとう。勉強以外にいろんな話聞いてくれてうれしかった」
「いやいや。たいしたことできなくてごめんね」
「2年生になって，わからんとこができたら，また行っていい？」
「もちろん。いつでもおいで。暇やから」
「わかった。ありがとうございました」
あっさりとした別れだった。窓の外には赤い満月が見えた。

解　説　　●私立中学校入試問題——おおよその問題が「にらめっこ図」で解ける

　本屋に行って算数参考書のコーナーを見ると，「私立中学校入試問題集」が
たくさんあります。そのいくつかを見ると「入試によく出る算数文章問題」と
いうのがあり，「割合・比」がよく出る順位1位なのです。つまり，割合の問
題が解けない子は，私立中学校から門前払いになる確率が高いということなの
でしょう。

　さて，その内容ですが，さすがにうまく整理されています。

　「割合と比の基本」「濃度算」「相当算」「仕事算」「売買損益算」「倍数算」
「年齢算」，続けて第2位が「速さ」で，「旅人算」「流水算」「通過算」と続い
ています。

　しかし，問題を個別に見ていくと，そのほとんどが1次方程式や連立方程式
で解ける問題で，中学校数学の内容です。

　たとえば，濃度の問題などは，**水溶液の量**と**水溶液に含まれる溶質の量**（食
塩水と食塩）の分布の倍（全体に対する部分の割合：率）がわかっていれば解
ける問題です。

　残念ながら，現行の教科書は「全体に対する部分の割合：率」という言い方
そのものを教えないことになっています。また，中学校の数学では「濃度」は
扱っていません。理科でわずかに出る程度です。

　入試ではどんな問題が出るのでしょうか？

　● **問題** ●　4％食塩水200gに9％食塩水300gを混ぜると何％食塩水
になるか？

　こんな問題です。（次のような面積図で説明があります）

154

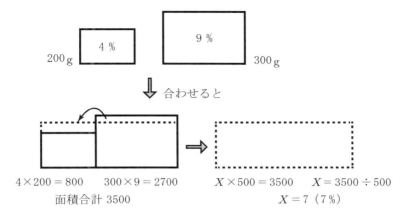

おそらく，中学校進学塾のどなたかが，苦心の末に，この図とこの図による解決方法を考案されたのでしょう。

それにしても，%とgを掛けてできる面積は何を意味しているのでしょうか？ この図で子どもは混乱しないのでしょうか？ 疑問の残るところです。

この問題もにらめっこ図の足し算で簡単に理解できます。

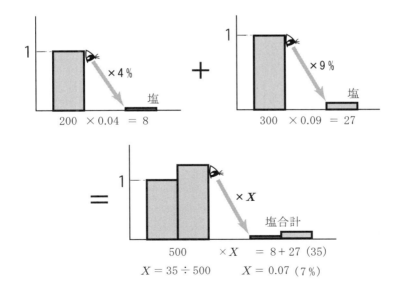

第V部 ミカ，私立中学校入試問題に挑戦する ●解説

もう1問,「相当算」もやってみましょう。

●**問題**● ある1冊の本を1日目は $\frac{1}{5}$ 読み, 2日目は残りのページの $\frac{1}{4}$ を読むと, 残りは48ページでした。この本は全部で何ページでしょう？

[解説図]

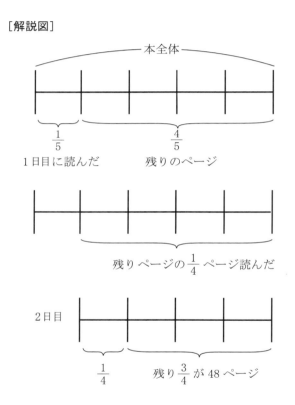

なんだか, 線分図を描きながら混乱しそうです。にらめっこ図で考えましょう。

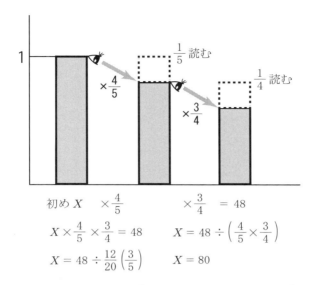

にらめっこ図にすると，残りが $\frac{4}{5}$，そしてそのまた残りが $\frac{3}{4}$ であることがはっきりします。そして，X ページの $\times \frac{3}{5}$ が 48 であることが明確になります。

中学入試の問題集を見ると，線分図がよく使われています。しかし，割合の指導で線分図を使っているのは 1 社だけで，ほかの教科書会社は 2 直線対応図や関係図などを使っています。それは線分図での理解がむずかしかったためです。

もちろん面積図や線分図で理解できるのであれば問題ないのですが，私はにらめっこ図を推奨します。

·················· エピローグ ··················

　これが2ヵ月に及ぶミカと私の勉強の全記録である。

　ミカはその後，勉強と部活が忙しくなり，私の事務所には来なくなった。寂しい反面，ほっとした気持ちになったのも事実だ。

　ところが，そんな思いはほんの一瞬だった。

　さすがに毎日は来られないのだが，ミカは中間テスト・期末テストのたびに事務所にやってきては，勉強をして帰るようになった。それどころか，テスト期間中は友達を連れてくるようになり，私の事務所は中学生の自習室の様相を呈するようになった。

　ミカたちの勉強の様子を聞いていると，勉強以外の話が多くて，勉強に身が入っていない気もする。しかし，学校以外で子どもたちが寄り合って勉強したり，お話をしたりする場があるというのは貴重なことなのだと思う。

　いまでもときどき，ミカたちがやってきたときに，算数の文章問題を出したりする。そうすると全員が競い合って解いてくれる。

　「あ，これ，連立方程式で解く問題や」とか「比例式で解いたほうがいい問題や」などと言い合っている。

　こんな話を聞いていると，じつは算数・数学の面白さは，みんなで頭を寄せ合って解くことにあるのだ，と実感させられる。そう，みんなで頭を働かせて問題を解決するのが大好きなのだ。算数・数学は，そんな子どもたちの欲求に一番こたえられる教科なのだと思う。

　今の学校制度や受験制度は，「みんなで解いて楽しむ」という大事な事柄を台無しにしているように思えてならない。

あとがき　● 割合の授業プランをめぐって

　この物語の主人公ミカちゃんは，架空の人物です。しかし，ミカちゃんのように算数で落ちこぼれて，勉強がイヤになる子は決して少なくありません。この物語は，全国にたくさんいるであろうミカちゃんや，ミカちゃんの周りにいるであろう保護者の方々に，エールを送るつもりで書いた物語です。

　算数の理解の程度は，生まれもった個人の能力と思われがちです。たしかに1を聞いて10を知る知能の高い子はいますし，1を聞いて1しかわからない子もいるわけで，学びの能力には個人差があります。

　しかし，教え方次第で，この能力の差を縮めることは可能です。

　私の知り合いのある先生が，とある小学校の特別支援学級の担任として赴任されました。そこには1年生の算数がわからなくて支援学級に行くようにと言われた2人の2年生がいたそうです。その先生によると，繰り上がりのある足し算，繰り下がりのある引き算がまったくできない状態で，とても2年生の勉強に付いていける状態ではなかったそうです。

　ところが，その先生が根気よく，タイルを使って位取り記数法と筆算を指導したのです。すると，瞬く間に足し算・引き算がクリアーでき，1学期の終わりには2年生の内容である足し算・引き算の筆算ができるようになったそうです。そしてこの2人，2学期の終わりには普通学級で行っている算数のテストで90点以上が取れたというのです。

　また，同じ特別支援学級の子どもですが，この子は1年生入学時点で知的障害と判断され，支援学級に入りました。たしかに大変で，学校の決まりがわからずに，教室には入らない，他の子どもとしょっちゅう諍（いさか）いを起こす，教師が注意するとかみついたりひっかいたりと大変だったそうです。ところが，担任が根気よく，物やタイルを使って数を教え，計算を教えたのです。そうして簡単な足し算・引き算がわかるようになるにしたがって，その子の生活態度や行

あとがき　161

動が目に見えて変わってきて，規則を守って集団生活が送れるようになったということです。

　これは特別な例ではありません。全国の先生たちの取り組みや成果を見ると，教え方・導き方次第で，子どもの能力を伸ばすことができることは明白です。それが教師の仕事のおもしろさであり，やりがいです。

　私も40年にわたって，算数の教え方をいろいろと研究してきました。その1つが物語を読みながら進める「物語算数の授業」です。そしてもう1つが「割合の教え方」です。物語算数の実践は，いまから20年前に『「算数」を探しに行こう』という本として上梓することができました。また，割合の教え方研究は『割合 〜 豊かな日常語の世界 〜』という授業プランを滝信吾氏との共著としてまとめ，ガリ本にして全国の先生向けに出し続けてきました。

　この「割合」の授業プランは，当初，ごくわずかな友人教師の間で実践にかけられ，その効果が確かめられました。その後，数学教育協議会の大会や日教組教研の大会でプランとその成果を報告したり，ガリ本を配布したりしてきました。その結果，徐々にこのプランを使って割合を教えてくださる先生が増え，その成果を目にしたり耳にしたりする機会が増えてきました。

　とくに「にらめっこ図」（滝氏の命名）が好評で，「子どもの支持が高い」ということでした。また，「（授業プランを使って）授業中，子どもたちは特に盛り上がったり感動したりすることなく淡々と進むのに，授業後に評価をとると，楽しさ度・理解度が異様に高い」という報告もあります。

　そんなわけで，私のところには全国各地で行われた割合の授業プランの実践報告が届くようになりました。つい最近，私の手元に届いた子どもたちの感想を一部載せます。

　「割合の図がとてもわかりやすかったです。式がすぐに書けました」

　「図を使うと，意味がよく理解できました」

　「図を使ってやると，苦手な算数も好きになった」

　「にらめっこ図を使って問題を解いていたので，とてもわかりやすくて，できた」

162

「図を使っていたので，どう変わっていくのかがよくわかった。そして図のまま式にすればよかったので，とても簡単だった」

「にらめっこ図を使うと，難しそうな問題もすぐに解けるようになった」

「にらめっこ図で考えると何の何倍なのかがすぐわかって，基にする量や割合，比べる量も分かったので，とても便利だと思いました」

「にらめっこ図は他の図より分かり易かったです」

「にらめっこ図を使って算数のテストをすると 90 点以上取れて，ほめられてうれしかったです。にらめっこ図は○の□倍は△という感じで，そのまま書けば簡単でした」

「買い物に行っても割引という言葉が使われるから，『割引ってなんだろう？』と思っていました。授業で習ったところを振り返ると，割引の意味がよくわかりました」

「図がたくさん出てきてわかりにくいところもありました。いろんな問題の解き方があって難しかったです」

テストの平均点	87 点
楽しさ度	5 点満点中 4.1 点
理解度	5 点満点中 4.0 点

今回，この本を出すきっかけは，亀書房の亀井哲治郎さんに私が『割合』の本を出したいと，話をもちかけたことがきっかけです。亀井さんが快く引き受けてくださったのですが，問題は，ガリ本とはいえすでに授業プランとして出回っているうえ，これを授業にかけてくださっている先生もおられるので，授業プランをそのまま本にはできないということでした。

そこで，思案の末，割合の授業プランをベースに，割合を物語風に仕立てて伝えようということになりました。当初，割合をネタに百数十ページの本にできるのか，そこまで伸ばすと，ネタ切れになるのではないのかという心配もありました。しかし，いざ書き始めると，書き切れない内容が積み残しになるという事態になってしまいました。また，授業プランの方法とは異なる方法も今回は採用しています。それは授業ではなく，本を読んでお子さんやお孫さんに

あとがき　163

説明される際に，こちらのほうが説明しやすいだろうと思ってのことです。

　なお，割合の研究や授業実践はたくさんあり，そのどれもがすぐれたものです。私は私の実践だけに固執するつもりはありません。この本はあくまでも私の研究成果をベースにして物語に仕立てただけのことです。でも，本書が割合の教え方で悩んでいる先生方や，お子さんやお孫さんに教えようとして苦心なさっている保護者の方々，割合がわからなくて苦労している中高生や若い人たちの理解の助けに少しでもなれば幸いです。

　この本をまとめるにあたり，多大なお力添えをいただいた亀書房の亀井さんご夫妻，また話ができるたびに批評しアドバイスをしていただいたサークルの友人，そして妻に，心から感謝の意を表したいと思います。

　2018 年 4 月

石原清貴

石原清貴（いしはら・きよたか）

1954 年香川県大川郡志度町（現さぬき市）に生まれる。1978 年龍谷大学経済学部を卒業。さまざまな職業を経験した後，1981 年香川県の公立小学校教師となる。2013 年定年退職。地元さぬき市内二ヵ所でボランティア学習塾を運営する傍ら，算数教具工房《ヒイラギ舎》を立ち上げ，算数教具や教材を製作・販売。また若い教師のための算数教育サークルを主宰。そのほか，YouTube《石原清貴チャンネル》やブログ《石原清貴の算数教育ブログ》を開設し，算数授業の方法や算数教育についての考えを発信している。民間教育団体の数学教育協議会会員。
著書：『「算数」を探しに行こう！──「式」や「計算」のしくみがわかる五つの物語』（デジタルハリウッド株式会社．のちに新潮文庫），『まるごと授業　算数』（共著，喜楽研）ほか。

算数 少女 ミカ　割合なんて，こわくない！

2018 年 8 月 10 日　第 1 版第 1 刷発行

著　者	石原清貴 ©
発行者	串崎　浩
発行所	株式会社　日本評論社
	〒170-8474 東京都豊島区南大塚 3-12-4
	TEL：03-3987-8621［営業部］　　https://www.nippyo.co.jp/
企画・制作	亀書房［代表：亀井哲治郎］
	〒264-0032 千葉県若葉区みつわ台 5-3-13-2
	TEL & FAX：043-255-5676　　E-mail：kame-shobo@nifty.com
印刷所	精文堂印刷株式会社
製本所	株式会社難波製本
装訂・イラスト	銀山宏子（スタジオ・シープ）

ISBN 978-4-535-79815-1　　Printed in Japan

JCOPY ＜（社）出版者著作権管理機構　委託出版物＞

本書の無断複写は著作権法上での例外を除き禁じられています．
複写される場合は，そのつど事前に，
　（社）出版者著作権管理機構
　TEL：03-3513-6969，FAX：03-3513-6979，E-mail：info@jcopy.or.jp
の許諾を得てください．
また，本書を代行業者等の第三者に依頼してスキャニング等の行為によりデジタル化することは，
個人の家庭内の利用であっても，一切認められておりません．

算数・数学 なぜなぜ事典

数学教育協議会・銀林 浩[編]

「わからない！」「むずかしい！」と言われる算数・数学も，ごく素朴な問題のなかに本質が隠されている．楽しい授業づくりのベテラン教師達がやさしく，分かりやすく説明する100問100答．数教協創立40周年記念出版． ◆A5変型判／本体2,900円＋税

算数・数学 つまずき事典

数学教育協議会・小林道正・野﨑昭弘[編]

《つまずき》は算数・数学の本質に関わる基本中の基本だ．その対処法やプラスに活かすための考え方を，ベテラン教師たちが解説．数教協創立60周年記念出版． ◆A5変型判／本体2,900円＋税

どうしたら算数が できるように なるか【小学校編】

お母さんとお父さんの教育相談　**銀林 浩**[編著]

子どもから「算数を教えて」と尋ねられたとき，手助けとなる本がほしい．「何のために算数を勉強するの？」と訊かれたら，どう答えよう？──お母さん・お父さんたちの切実な要求に，ベテラン教師たちが懇切に答える． ◆菊判／本体1,700円＋税

入門算数学【第3版】

黒木哲徳[著]

すべての人がまなぶ《算数》とは？　小学校の算数教育に関する定評ある教科書・理論書．最近の数学教育の動向や2017年に公示された新学習指導要領に基づいた第3版． ◆菊判／本体2,500円＋税

日本評論社
https://www.nippyo.co.jp/